T0226325

Willy H. Bölling

Zusammendrückung und Scherfestigkeit von Böden

Anwendungsbeispiele und Aufgaben

Springer-Verlag
Wien New York 1971

Professor Dipl.-Ing. Willy H. Bölling
Universidad de Oriente
Escuela de Geologia y Minas
Ciudad Bolivar, Venezuela

© 1971 by Springer-Verlag/Wien
Library of Congress Catalog Card Number 79-176270
Printed in Austria

Mit 103 Abbildungen

ISBN 3-211-81039-0 Springer-Verlag Wien-New York
ISBN 0-387-81039-0 Springer-Verlag New York-Wien

Vorwort

Wie die Erfahrung immer wieder zeigt, fällt es dem jungen Ingenieur am Anfang seiner beruflichen Laufbahn schwer, das erworbene Schulwissen zur Lösung von praktischen, technischen Aufgaben anzuwenden. Auch der erfahrene Ingenieur steht in der Praxis oft vor dem Problem, Fragen beantworten zu müssen, die nicht in den Rahmen seiner täglichen Routinearbeit fallen.

Es gehört zur selbstverständlichen Berufspraxis, daß der Ingenieur in solchen Fällen zunächst einmal prüft, wie das Problem an anderer Stelle gelöst worden ist, um sich dann an die Lösung seines Problems zu begeben, indem er den Rechengang dem des Beispiels anpaßt und die Ergebnisse mit denen des Beispiels vergleicht. Eine reichhaltige Auswahl von Anwendungsbeispielen stellt daher für den Ingenieur eine wertvolle Unterstützung dar.

Der Verfasser hat in dem vorliegenden Werk eine große Anzahl typischer Aufgaben und Anwendungen aus allen Gebieten des Grundbaues und der Bodenmechanik ausgesucht und in allen Einzelheiten durchgerechnet. Zu jedem Anwendungsbeispiel wird ein kurzer Überblick über die Kenntnisse und Grundlagen gegeben, die zur Lösung der Aufgabe erforderlich sind. Die Ergebnisse der Berechnungen werden diskutiert, um auf Besonderheiten und wertvolle Deutungen hinzuweisen.

Das Werk gliedert sich in fünf selbständige, voneinander unabhängige Darstellungen, in denen folgende Themen behandelt werden: Bodenkennziffern und Klassifizierung von Böden; Zusammendrückung und Scherfestigkeit von Böden; Sickerströmungen und Spannungen in Böden; Setzungen, Standsicherheiten und Tragfähigkeiten von Grundbauwerken; Bodenmechanik der Stützbauwerke, Straßen und Flugpisten.

Es soll keine Erweiterung der großen Liste aller schon veröffentlichten grundlegenden Bücher über Bodenmechanik und Grundbau sein. Es beschränkt sich in voller Absicht auf die Anwendung der Theorien, auf die praktischen Bedürfnisse, und enthält infolgedessen eine Auswahl von Tafeln und Tabellen, die so vollständig wie nur möglich sein soll, um dem Ingenieur die Arbeit zu erleichtern.

Die zur Lösung einer Aufgabe verwendeten Methoden und Formeln wurden aus dem umfangreichen internationalen Schrifttum sorgfältig ausgewählt. Damit soll dem Ingenieur die Möglichkeit gegeben werden, auch ausländische Lösungsverfahren zu verstehen und anzuwenden, auf die er bei der ständig wachsenden Auslandsarbeit mit Sicherheit stoßen muß.

Dieses Werk wird jedoch nicht nur ein Ratgeber für die Praxis sein, sondern wird auch dem Studierenden eine Stütze und Hilfe bedeuten, indem es ihm in anschaulicher Weise erklärt, wie die theoretischen Kenntnisse im praktischen Berufsleben angewendet werden. In vielen Fällen wird ein lebendiges Beispiel mehr zum Verständnis eines Problems beitragen als umfangreiche theoretische Überlegungen. Das praktische Beispiel soll die nüchternen wissenschaftlichen Notwendigkeiten beleben, aber gleichzeitig auch zeigen, wie unerläßlich das eine zum Verständnis des anderen ist.

Es gibt praktisch keine Bauaufgabe, die nicht von bodenmechanischen und grundbaulichen Gegebenheiten beeinflußt wird. In allen jenen Fällen, in denen im Boden oder mit dem Boden gebaut wird, scheint es uns selbstverständlich, daß wir uns mit seinen mechanischen Eigenschaften beschäftigen. Wenn der Boden nur die passive Rolle eines Mediums für die Gründung anderer Ingenieurbauten darstellt, ist die Untersuchung seiner mechanischen Eigenschaften nicht weniger von Bedeutung. Jedem Ingenieur ist heute klar, daß eine falsche Beurteilung der mechanischen Eigenschaften des Untergrundes eine ernsthafte Gefahr für die Standsicherheit des darauf errichteten Bauwerks bedeutet.

Ich wünsche mir, daß der Leser eine Fülle von Anregungen für die richtige, schnelle und wirtschaftliche Lösung seiner Aufgaben finden möge. Der Aspekt der Wirtschaftlichkeit ist daher in allen Fällen besonders beachtet worden. Die beste theoretische Lösung hat keinen Sinn, wenn ein anderer den Auftrag zur Ausführung einer Bauaufgabe erhält, obwohl sein Vorschlag weniger wissenschaftlich, dafür aber um so praktischer und billiger ausgefallen ist. Möge dieses Werk den Zweck erfüllen, zu dem es geschrieben wurde, dem Leser jene Sicherheit zu geben, die er benötigt, eine Aufgabe technisch und wirtschaftlich einwandfrei zu lösen, sie in fachlichen Diskussionen wirksam vorzutragen und zu verteidigen und schließlich erfolgreich in die Tat umzusetzen.

Viele Probleme der Bodenmechanik und des Grundbaues lassen sich schnell und sicher mit Hilfe elektronischer Datenverarbeitung lösen. Die Vielfalt der verschiedenen Programme läßt jedoch keine detaillierte Darstellung der Programmierungsarbeit im Rahmen dieses Buches zu. Zahlreiche Aufgaben sind aber so gehalten, daß ein geübter Programmierer die verwendeten Formeln und Rechenschemata unmittelbar in die gewünschte Computersprache umsetzen kann.

Noch wenig erschlossen ist die elektronische Datenspeicherung für Aufgaben der Bodenmechanik und des Grundbaues. Hier bietet sich für die Zukunft ein ausgedehntes Arbeitsfeld, insbesondere für Standsicherheitsprobleme, Setzungsberechnungen, Fundamentbemessungen und Straßengründungen, dar, dessen Grundzüge angedeutet werden.

Bodenmechanik und Grundbau haben sich in der Vergangenheit überwiegend mit dem Baugrund als Dreiphasensystem — Mineral, Flüssigkeit,

Gas — beschäftigt. Mit fortschreitender Erschließung des Meeres und des Seebodens häufen sich die Aufgaben, in denen der Baugrund als Zweiphasensystem — Mineral, Wasser — untersucht und behandelt werden muß. Neue Problemstellungen werden dadurch aufgeworfen, deren wissenschaftliche Behandlung im Ansatz aufgenommen wurde.

Die Entwicklung der Raumfahrt, die Landung und die Konstruktion von Bauten für Menschen und Geräte auf fremden Planeten wird von uns sehr bald in verstärktem Maße eine Lösung der damit verbundenen bodenmechanischen und grundbautechnischen Probleme verlangen. Eines Tages wird sich die Bodenmechanik mit Aufgaben im Bereich einphasiger Systeme, also mit Böden befassen, die kein Gas und keine Flüssigkeit mehr enthalten und außerdem anderen Schweregesetzen unterliegen.

Die stürmische Entwicklung, die Bodenmechanik und Grundbau seit 1930 erlebt haben, wird also nicht nachlassen, sondern eher noch zunehmen. Gute Grundlagen und eine umfassende Schulung sind eine unerläßliche Voraussetzung für ihre Bewältigung. Möge dieses Werk seinen Beitrag dazu leisten.

Von der Idee zu einem technisch-wissenschaftlichen Buch bis zu seiner Veröffentlichung ist es ein langer, mühevoller Weg. Der Autor kann ihn nur dann erfolgreich gehen, wenn er sich auf die verlegerische Erfahrung und den unternehmerischen Mut seines Verlages verlassen kann. Dem Springer-Verlag in Wien sei herzlich gedankt, daß er in dieser Hinsicht stets ein beispielhafter Partner gewesen ist.

Dank sei auch allen jenen Ingenieuren und Wissenschaftlern gesagt, deren Arbeiten verwertet wurden. Es sind Hunderte. Ihre Namen sind jeweils im Text an der Stelle erwähnt, an der ich ihre Arbeit oder Auszüge daraus verwendet oder erläutert habe.

Ich danke meiner Frau, meinen Mitarbeitern und Kollegen an den europäischen und amerikanischen Universitäten für die Hilfe, die sie mir gewährt haben, und für die Kritik, die dazu beigetragen hat, den wissenschaftlichen und praxisorientierten Wert dieses Werkes zu erhöhen.

Ciudad Bolivar, im Sommer 1971 **Willy H. Bölling**

Inhaltsverzeichnis

1. Zusammendrückung von Böden

1.1 Aufgaben

Aufgabe 1 Ermittlung der Zeitsetzungslinie

Abb.1.2 zeigt ein Formular zur Bestimmung der Zusammendrückung eines schluffigen Tones im Kompressionsversuch für
eine einzelne Laststufe. Die Ergebnisse des Versuches für
die Laststufe von 2,0 kg/cm^2 bis 4,0 kg/cm^2 sind in dem
Formular eingetragen.

Zeichne die Zeitsetzungslinie:

a) Bei linearer Einteilung der Zeitachse.
b) Bei logarithmischer Einteilung der Zeitachse.
c) Bei Einteilung der Zeitachse im Wurzelmaßstab.

Grundlagen

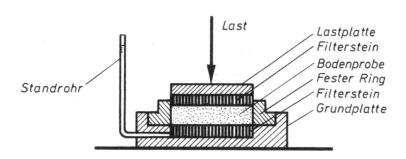

Abb.1.1 Schematische Darstellung des Kompressionsapparates.

Die Zusammendrückung von Böden wird im Kompressionsappar-
rat gemessen. Die Abmessungen der Kompressionsapparate,

Kompressionsversuch

Laststufe __V__ von __2,0__ kg/cm² bis __4,0__ kg/cm²

Bodenprobe __schluffiger Ton__   Versuch Nr. _____5_____

_____   Probenhöhe_____2 cm_____

Entnahmestelle __Siemens AG.__   Datum _____11.12.69_____

Bohrung Nr._____14_____   Bearbeiter_____

Probe Nr._____3_____   _____

Tag	Stunde h	Zeit t	Belastung kg/cm²	Ablesung M ¹/₁₀₀ mm	ΔM ¹/₁₀₀ mm	Gesamt-setzung Δh/Δh_max · 100
11.12.	8.30	24 h	2,0	218	---	---
11.12.	8.35	0 h	4,0	218	0	0
	15"	15"		223	5	6,8
		30"		225	7	9,5
		1'		227	9	12,2
		2'		231	13	17,6
		5'		237	19	25,7
		15'		247	29	39,2
		45'		261	43	58,1
		2 h		270	52	70,3
		5 h		281	63	85,1
		8 h		286	68	91,9
12.12.	8.35	24 h		292	74	100

Bemerkungen: **Keine**

Abb.1.2 Formular zur Bestimmung der Zusammendrückung
          im Kompressionsversuch für eine Laststufe.

Abb.1.1, sind nicht einheitlich. Der feste Ring des Ödometers von TERZAGHI hat einen Durchmesser von 7 cm und eine Höhe von 2 cm. Der feste Ring des Kompressionsapparates von CASAGRANDE hat einen Durchmesser von 10 cm und eine Höhe von 4 cm. In den USA sind feste Ringe im Gebrauch, deren Abmessungen im metrischen System keine geraden Zahlen ergeben. Bevorzugt werden feste Ringe mit einem Verhältnis von 1:3 oder 1:4 zwischen Höhe und Durchmesser, während die Durchmesser mindestens 2,5 Inches betragen.

In Deutschland ist die Größe des festen Ringes in der DIN 4016 (Entwurf 1958): "Richtlinien für die Bestimmung der Zusammendrückbarkeit", genormt. Danach soll der Durchmesser des festen Ringes 10 cm und die Höhe 2 cm betragen. Wenn in besonderen Fällen die Bodenprobe nicht groß genug ist, so können auch feste Ringe mit 7 cm Durchmesser und 14 mm Höhe verwendet werden. Es soll möglichst ein Verhältnis von 1:5 zwischen Höhe und Durchmesser des festen Ringes eingehalten werden.

Neben den Geräten mit festem Ring sind auch Geräte mit schwebendem Ring im Gebrauch. Einzelheiten dazu geben u.a. SCHULTZE/MUHS (1967) und LAMBE (1951).

Die Untersuchung der Zusammendrückung beschränkt sich auf die bindigen Böden. Sandige Böden werden nur selten untersucht. In Deutschland werden ungestörte Bodenproben mit ihrem natürlichen Wassergehalt, gestörte Proben meistens mit dem Wassergehalt der Fließgrenze untersucht. In den USA werden die Bodenproben gewöhnlich völlig ins Wasser eingetaucht, um der Theorie von TERZAGHI über die Zusammendrückung von Böden möglichst nahe zu kommen, die eine völlige Wassersättigung des Bodens zugrunde legt.

Wenn ein wassergesättigter Boden belastet wird, so wird zunächst die Last vollkommen vom Wasser übernommen. Der Druck, der dabei im Wasser entsteht, wird Porenwasserüberdruck genannt. Infolge des Porenwasserüberdruckes tritt das Wasser aus den Poren aus, und der von außen aufgebrachte

Druck verlagert sich allmählich auf die Festmasse des Bodens.

Während dieser Druckumlagerung nimmt der Porenwasserüberdruck allmählich ab und der Druck auf die Festmasse im gleichen Maße zu. Während sich der Druck verlagert, ändert sich das Volumen des Bodens, der Boden konsolidiert sich. Am Ende des Konsolidierungsprozesses ist der Porenwasserüberdruck gleich Null.

Die Form der einzelnen Bodenkörner wird währenddessen nicht oder bei einigen Böden nur geringfügig geändert. Abb.1.42 zeigt die Kornverteilungskurven eines Sandes vor und nach der Zusammendrückung. Die Änderungen sind unbedeutend.

Die Volumenänderung drückt sich in der Änderung der Probenhöhe aus und wird mit einer Meßuhr gemessen. Tab.1.1 gibt einen Überblick über gebräuchliche Einteilungen von Meßuhren in verschiedenen Ländern.

Land	1 Teilstrich bedeutet:	
Deutschland	0,01	mm
	0,001	mm
Frankreich	0,01	mm
	0,001	mm
England	0,001	inch
	0,0001	inch
	0,002	mm
USA	0,001	inch
	0,0001	inch

Tabelle 1.1 Einteilungen von Meßuhren.

Die Zusammendrückung wird entweder mit ihrem absoluten Wert Δh oder durch:

$$\text{das Verhältnis}\quad \frac{\Delta h}{h_a} = \frac{\text{absolute Zusammendrückung}}{\text{Anfangsprobenhöhe}} \qquad (1.1)$$

beziehungsweise durch:

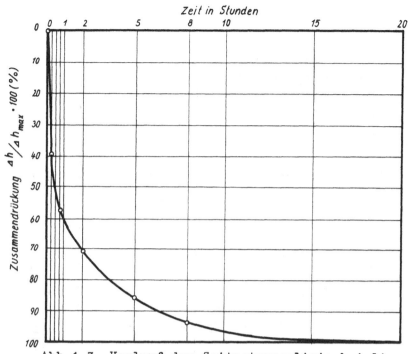

Abb.1.3   Verlauf der Zeitsetzungslinie bei li-
           nearer Einteilung der Zeitachse.

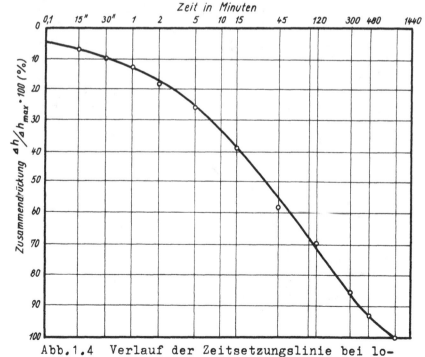

Abb.1.4   Verlauf der Zeitsetzungslinie bei lo-
           garithmischer Einteilung der Zeitachse.

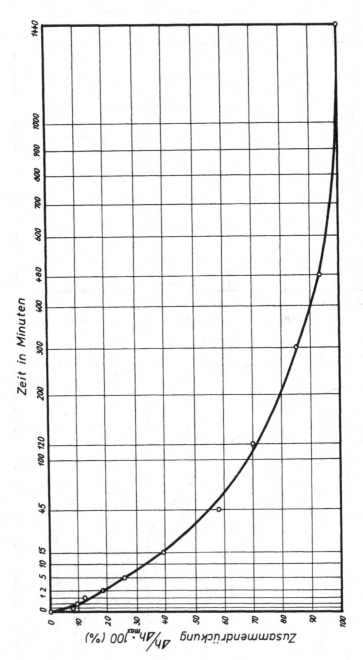

Abb. 1.5 Verlauf der Zeitsetzungslinie bei Einteilung der Zeitachse im Wurzelmaßstab.

das Verhältnis $\dfrac{\Delta h}{\Delta h_{max}} = \dfrac{\text{absolute Zusammendrückung}}{\text{Gesamtzusammendrückung}}$ (1.2)

angegeben.

Lösung

Abb.1.3 zeigt den Verlauf der Zeitsetzungslinie bei linearer Einteilung der Zeitachse. Die Ordinaten geben die Werte $\Delta h/\Delta h_{max} \cdot 100$ an, die im Formular zur Bestimmung der Zusammendrückung im Kompressionsversuch, Abb.1.2, ermittelt wurden.

Abb.1.4 zeigt den Verlauf der Zeitsetzungslinie bei logarithmischer Einteilung der Zeitachse. Die Ordinaten geben ebenfalls die Werte $\Delta h/\Delta h_{max} \cdot 100$ an.

Abb.1.5 zeigt den Verlauf der Zeitsetzungslinie bei der Einteilung der Zeitachse im Wurzelmaßstab. Die Ordinaten geben auch hier die Werte $\Delta h/\Delta h_{max} \cdot 100$ an.

Ergebnisse

Gewöhnlich wird für die Darstellung der Zeitsetzungslinie der logarithmische oder der Wurzelmaßstab gewählt.

Im logarithmischen Maßstab ergeben sich für alle bindigen Böden die typischen s-förmigen Kurven, wie sie auch in Abb.1.4 zu sehen ist.

Im Wurzelmaßstab zeigen alle bindigen Böden die typische parabolische Form, die auch in Abb.1.5 zu sehen ist.

Aufgabe 2   Drucksetzungslinie und Druckporenzifferlinie

Abb.1.6 zeigt ein Formular zur Bestimmung der gesamten Zusammendrückung eines schluffigen Tones im Kompressionsversuch. Der Boden wurde mit den in Abb.1.7 angegebenen

sechs Laststufen zusammengedrückt und in zwei Laststufen
entlastet. Die letzte Lesung jeder Laststufe ist in dem
Formular, Abb.1.6, eingetragen und ausgewertet.

Zeichne die Drucksetzungslinie:

a) Bei linearer Einteilung der Belastungsachse.
b) Bei logarithmischer Einteilung der Belastungsachse.

Zeichne die Druckporenzifferlinie:

a) Bei linearer Einteilung der Belastungsachse.
b) Bei logarithmischer Einteilung der Belastungsachse.

Grundlagen

Die Druckporenzifferlinie erhält man, indem in einem
Diagramm die Belastung p als Abszisse und die Porenziffer ε
(nach 24 Stunden Belastungsdauer) als Ordinate aufgetragen werden.

Für die Auftragung der Belastung werden sowohl lineare
als auch logarithmische Maßstäbe verwendet. Die Porenziffern werden fast immer im linearen Maßstab aufgetragen.

Die Drucksetzungslinie erhält man, indem in einem Diagramm ebenfalls die Belastung p als Abszisse, als Ordinate
aber die Setzung:

$$s' = \frac{\Delta h}{h_a} \qquad\qquad (1.3)$$

aufgetragen wird. Für die Auftragung der Belastung wird sowohl der lineare als auch der logarithmische Maßstab verwendet. Die Setzungen werden fast immer im linearen Maßstab
aufgetragen.

Die Drucksetzungslinien und Druckporenzifferlinien geben
die Konsolidierung eines Bodens, also die eindimensionale
Formänderung unter einer vertikalen Last bei eindimensionaler Entwässerung an.

Kompressionsversuch

Bodenprobe schluffiger Ton

Entnahmestelle Kai 4
Bohrung Nr. 14
Probe Nr. 3
Spez. Gew. γ_s = 2,74 g/cm³
Höhe d. Festmasse $h_f = \dfrac{G_t}{F \cdot \gamma_s}$ = 1,18 cm
Trockengewicht G_t = 124,5 g

Geräteabmessungen

Ringhöhe h_1 = 2 cm
Ringdurchmesser d = 7 cm
Ringfläche F = 38,5 cm²
Höhe Filter + Lastplatte h_2 = 2,20 cm
OK Ring bis OK Lastplatte h_3 = 2,12 cm
Probenhöhe $h_a = h_1 - h_2 + h_3$ = 1,92 cm
$h_a - h_f$ = 0,74 cm

Versuch Nr. 5
Datum 12.12.1969
Bearbeiter
Bemerkungen

Laststufe	Belastung p kg/cm²	Ablesung M 1/100 mm	$h_a - h_f - M$ 1/100 mm	$\varepsilon = \dfrac{h_a - h_f - M}{h_f}$	$s' = \dfrac{M}{h_a} \cdot 100\,(\%)$
0	0	0	740	0,628	0
I	0,25	45	695	0,589	2,34
II	0,50	95	645	0,547	4,94
III	1,00	149	591	0,501	7,76
IV	2,00	218	522	0,442	11,34
V	4,00	292	448	0,379	15,15
VI	8,00	379	361	0,306	19,74
V'	2,00	362	378	0,320	18,89
IV'	0,10	347	393	0,334	18,09

Abb.1.6 Formular zur Bestimmung der gesamten Zusammendrückung im Kompressionsversuch.

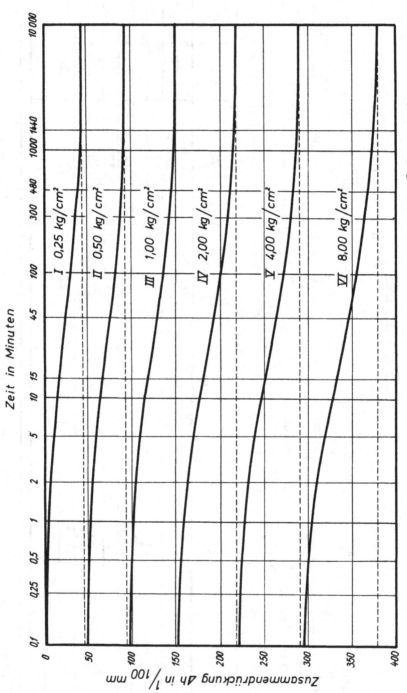

Abb. 1.7   Zeitsetzungslinien eines schluffigen Tones für 6 Laststufen.

TERZAGHI/FRÖHLICH (1936) haben die Konsolidierung von
bindigen Böden theoretisch zu klären versucht. Diese Untersuchungen sind für die Lösung vieler Formänderungsprobleme
in der Bodenmechanik von großer Bedeutung und werden daher
ausführlich behandelt.

Die Konsolidierungstheorie von TERZAGHI stützt sich auf
folgende Voraussetzungen:

a)   Homogener Boden.
b)   Vollkommene Wassersättigung.
c)   Eindimensionaler Spannungszustand.
d)   Eindimensionale Entwässerung.
e)   Gültigkeit des Gesetzes von DARCY.
f)   Lineare Abhängigkeit zwischen Spannungen und
     Porenziffern.

Es muß erwähnt werden, daß keine der genannten Voraussetzungen bei einem natürlichen Boden vollkommen erfüllt
wird, andererseits sind aber die Abweichungen von den ide-
alen Verhältnissen in den meisten Fällen so gering, daß die
Konsolidierungstheorie von TERZAGHI für die Lösung einer
Anzahl von bodenmechanischen Problemen herangezogen werden
kann und in vielen Fällen von großer Hilfe ist.

Unmittelbar vor Beginn einer Belastung befindet sich der
Boden unter den Bedingungen, die durch den Punkt A (Abb.1.8)
gegeben sind. Die vertikale Spannung ist p_1 und die Porenziffer ε_1. Unmittelbar nach der Aufbringung der Belastung befindet sich der Boden unter den Bedingungen, die
durch den Punkt G gegeben sind. Die vertikale Spannung hat
sich auf p_2 erhöht, die Porenziffer ist jedoch unverändert
ε_1. Die Differenz der Spannungen $p_2 - p_1$ wirkt vollkommen
auf das Wasser, während die vertikale Spannung auf die Festmasse unverändert p_1 ist. Die Spannungsdifferenz $p_2 - p_1$
ist also gleichzusetzen dem Porenwasserüberdruck bei Bela-
stungsbeginn:

$$p_2 - p_1 = \Delta p = h_{\ddot{u}a} \cdot \gamma_w \qquad (kg/cm^2) \qquad (1.4)$$

Im weiteren Verlauf ist $\gamma_w = 1$ gesetzt.

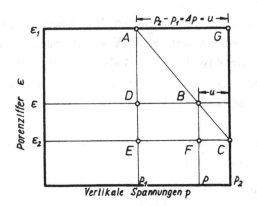

Abb.1.8 Lineare Abhängigkeit zwischen Porenziffer
und vertikaler Bodenspannung nach der Konsolidierungstheorie von TERZAGHI.

Die Spannung p_2 kann nur auf die Festmasse übergehen,
wenn sich das Volumen der Probe verändert, wenn also die
Porenziffer geringer wird. Eine Spannungsänderung der Festmasse bedingt also eine Änderung der Porenziffer, und je
schneller das Wasser unter dem Porenwasserüberdruck entweichen kann, desto schneller erfolgen die Spannungsumlagerun-
gen und Volumenänderungen.

Am Ende des Konsolidierungsprozesses herrschen in der
Bodenprobe die Bedingungen, die durch den Punkt C gegeben
sind. Die vertikale Spannung auf die Festmasse ist nun p_2,
und die Porenziffer ist ε_2. Der Porenwasserüberdruck ist
$h_{ü}$ = 0. Die Bodenprobe hat sich unter der Spannung p_2 konsolidiert. Als Maß für den Grad der Konsolidierung dient
das Verhältnis:

$$U_z = \frac{\varepsilon_1 - \varepsilon}{\varepsilon_1 - \varepsilon_2} \qquad (1.5)$$

Die Konsolidierung ist nicht gleichmäßig über die Höhe
der Probe verteilt. Nach Ablauf einer gewissen Zeit kann
der unmittelbare Bereich unter der Oberfläche der Probe bei
der vorausgesetzten eindimensionalen Entwässerung vollkommen konsolidiert sein, während im Inneren der Probe je nach
der Tiefe ein unterschiedlicher Prozentsatz der Konsolidie-

rung erreicht ist. In allen Punkten gilt jedoch die Gleichung:

$$p_2 = p_1 + h_{\ddot{u}a} = p + h_{\ddot{u}} \qquad (kg/cm^2) \qquad (1.6)$$

wie sich der Abb.1.8 sofort entnehmen läßt.

Das Verhältnis zwischen Formänderung und Spannung wird als Verdichtungsziffer a (englisch: Coefficient of Compressibility) bezeichnet:

$$a = - \frac{\varepsilon_2 - \varepsilon_1}{p_2 - p_1} = - \frac{d\varepsilon}{dp} \qquad (1.7)$$

Die Neigung der Geraden AC ist negativ.

Der Abb.1.8 entnimmt man außerdem die Zusammenhänge:

$$U_z = \frac{\varepsilon_1 - \varepsilon}{\varepsilon_1 - \varepsilon_2} = \frac{p - p_1}{p_2 - p_1} \qquad (1.8)$$

U_z wird als Verfestigungsgrad des Bodens in vertikaler Richtung bezeichnet (englisch: Degree of Consolidation). Durch Einsetzen der Gl.(1.6) in die G.(1.8) ergibt sich:

$$\frac{p - p_1}{p_2 - p_1} = 1 - \frac{h_{\ddot{u}}}{h_{\ddot{u}a}} \qquad (1.9)$$

Aus der Kontinuitätsbedingung, daß durch die Begrenzungsflächen eines Raumelementes nicht mehr Flüssigkeit eintreten als austreten kann, ergibt sich die Laplacesche Gleichung für räumliche Potentialströmung:

$$\left(k_x \cdot \frac{\partial^2 h}{\partial x^2} + k_y \cdot \frac{\partial^2 h}{\partial y^2} + k_z \cdot \frac{\partial^2 h}{\partial z^2} \right) \cdot dx \cdot dy \cdot dz = 0 \qquad (1.10)$$

Für den Fall eindimensionaler Strömung ist:

$$k \cdot \frac{\partial^2 h}{\partial z^2} \cdot dx \cdot dy \cdot dz = 0 \, , \qquad (1.11)$$

da in der Richtung y und z kein Potentialunterschied auftritt. Anstelle des Ausdruckes k_z wird im weiteren Verlauf zur Vereinfachung nur noch der Ausdruck k verwendet. Die Gl.(1.10) und (1.11) stellen die Volumenänderung der Flüs-

sigkeit in der Zeiteinheit dar, die aus Kontinuitätsgründen
gleich Null sein muß.

Das Volumen des betrachteten Bodenelementes ist:

$$V = dx \cdot dy \cdot dz \qquad (cm^3) \qquad (1.12)$$

Das Porenvolumen erhält man aus der Überlegung, daß:

$$V = V_t + V_0$$

$$\frac{V}{V_0} = \frac{V_t}{V_0} + \frac{V_0}{V_0} = \frac{1}{\varepsilon} + 1 = \frac{1+\varepsilon}{\varepsilon}$$

ist, also ist:

$$V_0 = V \frac{\varepsilon}{1+\varepsilon} = dx \cdot dy \cdot dz \cdot \frac{\varepsilon}{1+\varepsilon} \quad (cm^3) \qquad (1.13)$$

Das Volumen der Festmasse ergibt sich aus der Überlegung,
daß:

$$V_t = V_t \cdot \frac{V}{V} = \frac{V_t \cdot V}{V_t + V_0} = \frac{V}{V_t/V_t + V_0/V_t} \qquad \text{ist.}$$

Also ist:

$$V_t = \frac{V}{1+\varepsilon} = \frac{dx \cdot dy \cdot dz}{1+\varepsilon} \qquad (cm^3) \qquad (1.14)$$

Das Volumen der Festmasse ist eine Konstante. Will man
die zeitliche Änderung des Porenvolumens ausdrücken, so ergibt sich also mit dem konstanten Volumen der Festmasse
nach Gl.(1.13) und mit Gl.(1.14):

$$\frac{\partial V_0}{\partial t} = \frac{dx \cdot dy \cdot dz}{1+\varepsilon} \cdot \frac{\partial \varepsilon}{\partial t} \qquad (1.15)$$

Die zeitliche Änderung des Porenvolumens entspricht beim
wassergesättigten Boden der zeitlichen Änderung des Wasservolumens, also ist mit Gl.(1.11):

$$k \cdot \frac{\partial^2 h}{\partial z^2} = \frac{1}{1+\varepsilon} \cdot \frac{\partial \varepsilon}{\partial t} \qquad (1.16)$$

Da nur der Porenwasserüberdruck die Potentialströmung
verursacht, ist $h \cdot \gamma_w = h_{\ddot{u}} \cdot \gamma_w = u$, und die Gl. (1.16) lautet
somit:

$$\frac{k}{\gamma_W} \cdot \frac{\partial^2 u}{\partial z^2} = \frac{1}{1+\varepsilon} \cdot \frac{\partial \varepsilon}{\partial t} \qquad (1.17)$$

Durch **Differenzierung** der Gl. (1.1) **erhält man die Be-**
ziehung:

$$\frac{dp}{\gamma_W \cdot dh_U} = -1 \quad ; \quad dp = -\gamma_W \cdot dh_U = -du \qquad (1.18)$$

Die Gl.(1.18) in die Gl.(1.7) eingesetzt, ergibt:

$$a = \frac{d\varepsilon}{du} \qquad (1.19)$$

Die Gl.(1.19) in die Gl.(1.17) eingesetzt, ergibt:

$$\left[\frac{k \cdot (1+\varepsilon)}{a \cdot \gamma_W}\right] \cdot \frac{\partial^2 u}{\partial z^2} = \frac{\partial u}{\partial t} \qquad (1.20)$$

Setzt man:

$$\left[\frac{k \cdot (1+\varepsilon)}{a \cdot \gamma_W}\right] = c_V \qquad (cm^2/s) \qquad (1.21)$$

so lautet die Gl.(1.20):

$$c_V \cdot \frac{\partial^2 u}{\partial z^2} = \frac{\partial u}{\partial t} \qquad (1.22)$$

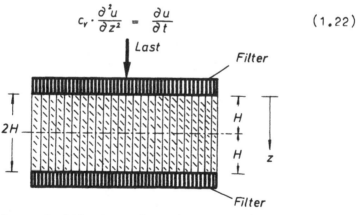

Abb.1.9 Querschnitt einer Bodenprobe im Kompressions-
apparat.

Die Größe c_V wird Verfestigungsbeiwert genannt (**englisch:**
Coefficient of Consolidation). Der Verfestigungsbeiwert
spielt bei der Berechnung des zeitlichen Setzungsverlaufes
eine wichtige Rolle, wie aus den späteren Beispielen noch

zu ersehen sein wird. Mit der Lösung der Differentialgleichung (1.22) lassen sich der zeitliche Setzungsverlauf und
der Verfestigungsgrad sowie die Porenwasserüberdrücke und
Spannungen der Festmasse in jedem Punkt einer Probe annähernd angeben.

Für die Gl.(1.22) gelten folgende Randbedingungen
(Abb.1.9):
 a) $z = 0$, $u = 0$
 b) $z = 2H$, $u = 0$
 c) $t = 0$, $u = h_{\text{üa}} \cdot \gamma_w = u_a$

An den Berührungsflächen der Bodenprobe mit den Filtersteinen entwässert der Boden **sofort**, und der Porenwasserüberdruck ist dort gleich Null. Im Augenblick der Lastauf-
bringung übernimmt das Porenwasser den gesamten Druck.

Nimmt man nun an, daß der Porenwasserüberdruck u das
Produkt einer Funktion von z und einer Funktion von t ist:

$$u = f(z) \cdot \phi(t) \tag{1.23}$$

oder:

$$\frac{\partial u}{\partial t} = f(z) \cdot \phi'(t) \tag{1.24}$$

und:

$$\frac{\partial^2 u}{\partial z^2} = f''(z) \cdot \phi(t) \tag{1.25}$$

Damit läßt sich für die Gl.(1.22) auch schreiben:

$$c_v \cdot f''(z) \cdot \phi(t) = f(z) \cdot \phi'(t) \tag{1.26}$$

oder:

$$\frac{f''(z)}{f(z)} = \frac{\phi'(t)}{c_v \cdot \phi(t)} \tag{1.27}$$

Der Ausdruck auf der linken Seite der Gl.(1.27) ist von
der zeitlichen Änderung unabhängig, ist also eine Konstante:

$$\frac{f''(z)}{f(z)} = -A^2 = \frac{\phi'(t)}{c_v \cdot \phi(t)} \tag{1.28}$$

Aus Gründen der Zweckmäßigkeit wird für die Konstante
der Ausdruck $-A^2$ gewählt. Mit der gewählten **Konstante** läßt

sich schreiben:

$$f''(z) = -A^2 \cdot f(z) \qquad (1.29)$$

und:

$$\Phi'(t) = -A^2 \cdot c_V \cdot \Phi(t) \qquad (1.30)$$

Die Lösung der Differentialgleichung (1.29) lautet:

$$f(z) = C_1 \cdot \cos Az + C_2 \sin Az \qquad (1.31)$$

Die Lösung der Differentialgleichung (1.30) lautet:

$$\Phi(t) = C_3 \cdot e^{-A \cdot 2 c_V t} \qquad (1.32)$$

Die Gl.(1.31) und (1.32) in die Gl.(1.23) eingesetzt, ergibt:

$$u = (C_4 \cdot \cos Az + C_5 \cdot \sin Az) \cdot e^{-A \cdot 2 c_V t} \qquad (1.33)$$

Die Konstanten A, C_4 und C_5 werden aus den Randbedingungen ermittelt.

Für u = 0 und z = 0 ist $C_4 = 0$.
Für u = 0 und z = 2H ist:

$$u = C_5 \cdot \sin \frac{n \cdot \pi \cdot z}{2H} \cdot e^{-n^2 \cdot \pi^2 \cdot c_V \cdot t / 4H^2} \qquad (1.34)$$

In der Gl.(1.34) ist:

$$A = \frac{n \cdot \pi}{2H} \qquad (1.35)$$

n = beliebige gerade Zahl.
C_5= beliebige konstante Zahl.

Setzt man in der Gl.(1.34) für z = 2H, so wird die zweite Randbedingung erfüllt, denn u wird gleich Null. Die Gl.(1.34) läßt sich auch in Form einer Reihe schreiben:

$$u = B_1 \cdot sin \frac{\pi \cdot z}{2H} e^{-\pi^2 \cdot c_v \cdot t/4H^2} + B_2 sin \frac{2 \cdot \pi \cdot z}{2H} \cdot e^{-4\pi^2 c_v \cdot t/4H^2} + \dots \dots$$

$$\dots \dots - B_n \cdot sin \frac{n \cdot \pi \cdot z}{2H} e^{-n^2 \cdot \pi^2 \cdot c_v \cdot t/4H^2} \qquad (1.36)$$

oder:

$$u = \sum_{n=1}^{n=\infty} B_n \cdot sin \frac{n \cdot \pi \cdot z}{2H} \cdot e^{-n^2 \cdot \pi^2 \cdot c_v \cdot t/4H^2} \qquad (1.37)$$

Die dritte Randbedingung wird erfüllt, wenn t = 0 und u = u_a ist. Damit wird:

$$u = \sum_{n=1}^{n=\infty} B_n \cdot sin \frac{n \cdot \pi \cdot z}{2H} \qquad (1.38)$$

Zur Bestimmung der unbekannten **Konstante B_n** werden beide Seiten der Gl.(1.38) mit:

$$sin \frac{n \cdot \pi \cdot z}{2H} \cdot dz$$

multipliziert und in den Grenzen von 0 bis 2H integriert:

$$\int_0^{2H} u_a \cdot sin \frac{n \cdot \pi \cdot z}{2H} \cdot dz = \int_0^{2H} \sum_{n=1}^{n=\infty} B_n \cdot sin \frac{n \cdot \pi \cdot z}{2H} \cdot sin \frac{n \cdot \pi \cdot z}{2H} \cdot dz \qquad (1.39)$$

Mit den bekannten Beziehungen:

$$\int_0^{\pi} sin\, mx \cdot sin\, nx \cdot dx = 0 \qquad (1.40)$$

und:

$$\int_0^{\pi} sin^2\, nx \cdot dx = \frac{\pi}{2} \qquad (1.41)$$

und nach Einsetzen von

$$x = \frac{\pi \cdot z}{2H} \qquad (1.42)$$

in die Gl.(1.40) und (1.41) erhält man:

$$\int_0^{2H} sin \frac{m \cdot \pi \cdot z}{2H} \cdot sin \frac{n \cdot \pi \cdot z}{2H} \cdot dz = 0 \qquad (1.43)$$

und:

$$\int_0^{2H} sin^2 \frac{n \cdot \pi \cdot z}{2H} \cdot dz = H \qquad (1.44)$$

Jedes Glied der Reihe (1.38) nimmt nach der Multiplikation mit:

$$\sin \frac{n \cdot \pi \cdot z}{2H}$$

die Form der Gl.(1.43) an, ist also gleich Null, mit Ausnahme des Gliedes in dem m = n ist, dafür ergibt sich der Ausdruck (1.44). Somit ist also:

$$\int_{0}^{2H} u_a \cdot \sin \frac{n \cdot \pi \cdot z}{2H} \cdot dz = B_n \int_{0}^{2H} \sin^2 \frac{n \cdot \pi \cdot z}{2H} dz = B_n \cdot H \qquad (1.45)$$

oder:

$$B_n = \frac{1}{H} \cdot \int_{0}^{2H} u_a \cdot \sin \frac{n \cdot \pi \cdot z}{2H} \cdot dz \qquad (1.46)$$

Die Gl.(1.46) in die Gl.(1.37) eingesetzt, ergibt:

$$u = \sum_{n=1}^{n=\infty} \left(\frac{1}{H} \int_{0}^{2H} u_a \sin \frac{n \cdot \pi \cdot z}{2H} \cdot dz \right) \cdot \left(\sin \frac{n \cdot \pi \cdot z}{2H} \right) \cdot e^{-n^2 \pi^2 c_v \; t/4H^2} \qquad (1.47)$$

Setzt man für:

$$\frac{c_v \cdot t}{H^2} = T \qquad (1.48)$$

so ist:

$$u = \sum_{n=1}^{n=\infty} \left(\frac{1}{H} \int_{0}^{2H} u_a \cdot \sin \frac{n \cdot \pi \cdot z}{2H} \cdot dz \right) \cdot \left(\sin \frac{n \cdot \pi \cdot z}{2H} \right) \cdot e^{-\frac{1}{4} \cdot n^2 \pi^2 T} \qquad (1.49)$$

T wird der Zeitfaktor genannt (englisch: Time Factor).

Im Falle eines konstanten anfänglichen Porenwasserüberdruckes $u_a = u_0$ läßt sich für die Gl.(1.49) auch schreiben:

$$u = \sum_{n=1}^{n=\infty} \frac{2 \cdot u_0}{n\pi} \cdot (1 - \cos n\pi) \cdot (\sin \frac{n \cdot \pi \cdot z}{2H}) \cdot e^{-\frac{1}{4} \cdot n^2 \pi^2 T} \qquad (1.50)$$

Setzt man außerdem für:

$$\frac{1}{2} \cdot \pi \cdot n = M \qquad (1.51)$$

und für:

$$n = 2m + 1 \qquad (1.52)$$

so ist:

$$u = \sum_{m=0}^{m=\infty} \frac{2 \cdot u_0}{M} \cdot \left(\sin \frac{M \cdot z}{H} \right) \cdot e^{-M^2 T} \qquad (1.53)$$

Mit den Gl.(1.8) und (1.9) sowie der Gl. (1.53) läßt
sich für den Verfestigungsgrad schreiben:

$$U_z = 1 - \sum_{m=0}^{m=\infty} \frac{2}{M} \left(sin \frac{M \cdot z}{H} \right) e^{-M^2 T} \qquad (1.54)$$

Möchte man den mittleren Grad der Verfestigung errechnen, den eine Bodenschicht erreicht hat, so schreibt man
für den anfänglichen Porenwasserüberdruck:

$$u_a = \frac{1}{2H} \cdot \int_0^{2H} u_a \cdot dz \qquad (1.55)$$

und entsprechend für den Mittelwert des Porenwasserüberdruckes zur Zeit t:

$$u = \frac{1}{2H} \cdot \int_0^{2H} u \cdot dz \qquad (1.56)$$

Der Mittelwert der Verfestigung ist somit nach Gl.(1.8):

$$U = 1 - \frac{\int_0^{2H} u \cdot dz}{\int_0^{2H} u_a \cdot dz} \qquad (1.57)$$

Die Gl.(1.50) in die Gl.(1.57) eingesetzt und integriert,
ergibt:

$$U = 1 - \sum_{m=1}^{m=\infty} \frac{2 \cdot \int_0^{2H} u_a \cdot sin \frac{M \cdot z}{H} \cdot dz}{M \int_0^{2H} u_a \cdot dz} \cdot e^{-M^2 T} \qquad (1.58)$$

Im speziellen Fall eines konstanten anfänglichen Porenwasserüberdruckes u_0 ist:

$$U = 1 - \sum_{m=0}^{m=\infty} \frac{2}{M^2} \cdot e^{-M^2 T} \qquad (1.59)$$

In der Abb.1.43 ist die Gleichung zur Bestimmung des
Verfestigungsgrades U_z, Gl.(1.54), graphisch ausgewertet,

indem für den Zeitfaktor T gemäß der Gl.(1.48) Werte von
T = 0 bis T = 0,90 eingesetzt wurden.

Beispielsweise zeigt die Abb.1.43, daß bei einem Zeitfaktor von T = 0,2 die Verfestigung an den Kontaktflächen der Bodenprobe mit den Filtersteinen 100 % beträgt, während in der Mitte der Probe erst eine Verdichtung von 23 % erreicht ist. Die Zeitspanne, in der dieser Zustand im Boden erreicht ist, läßt sich aus der Gl.(1.48) sofort ermitteln, wenn der Verfestigungsbeiwert c_v, Gl.(1.21), bestimmt ist.

In der Abb.1.44 ist die Gl.(1.59), die der Ermittlung des mittleren Verfestigungsgrades U dient, graphisch ausgewertet. Für den Zeitfaktor T = 0,2 ergibt sich zum Beispiel ein mittlerer Verfestigungsgrad von 50 %.

Sehr häufig tritt in der Natur der Fall auf, daß eine Bodenschicht nicht gleichzeitig nach oben und nach unten entwässern kann, so zum Beispiel, wenn eine wasserdurchlässige Schicht auf einem wasserundurchlässigen Felsen auflagert. In diesen Fällen ist als Schichtdicke anstelle von 2H der Wert H einzusetzen. Wenn in der Gl.(1.48) H die halbe Schichtdicke bei beiderseitiger Entwässerung bedeutet, so lautet die Gl.(1.48) mit H gleich der halben Schichtdicke bei einseitiger Entwässerung:

$$T = \frac{1}{4} \cdot \frac{c_v \cdot t}{H^2} \qquad (1.60)$$

Auf die Berechnung des Verfestigungsbeiwertes c_v wird in der Aufgabe 4 näher eingegangen.

Lösung

Abb.1.10 stellt die Drucksetzungslinie bei linearer Einteilung der Belastungsachse und Abb.1.11 die Drucksetzungslinie bei logarithmischer Einteilung der Belastungsachse dar.

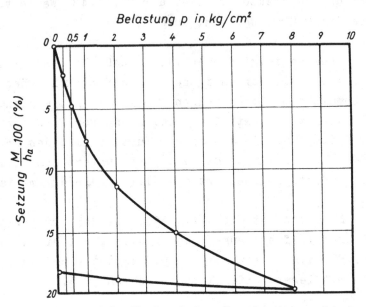

Abb. 1.10   Verlauf der Drucksetzungslinie
bei linearer Einteilung der
Belastungsachse.

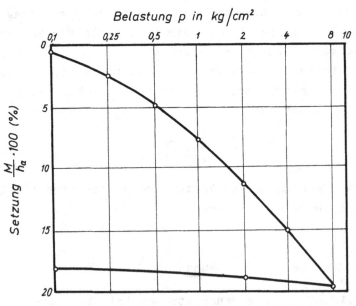

Abb. 1.11   Verlauf der Drucksetzungslinie
bei logarithmischer Einteilung
der Belastungsachse.

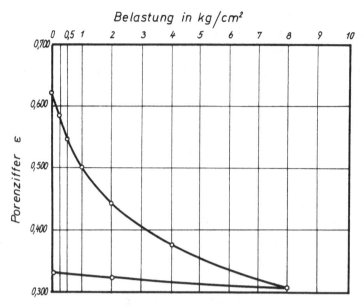

Abb.1.12   Verlauf der Druckporenzifferlinie
bei linearer Einteilung der Belastungsachse.

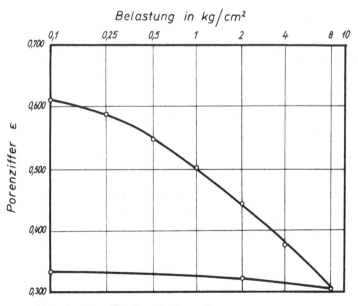

Abb.1.13   Verlauf der Druckporenzifferlinie
bei logarithmischer Einteilung
der Belastungsachse.

Abb.1.12 stellt die Druckporenzifferlinie bei linearer Einteilung der Belastungsachse und Abb.1.13 die Druckporen- zifferlinie bei logarithmischer Einteilung der Belastungs- achse dar. Bei logarithmischer Einteilung der Belastungs- achse zeigen die Kurven bei höheren Belastungen einen nahe- zu geradlinigen Verlauf.

Ergebnisse

Aus den Drucksetzungslinien und Druckporenzifferlinien lassen sich mehrere wichtige bodenmechanische Kennziffern gewinnen, die beim Studium der nachfolgenden Aufgaben benö- tigt werden und deren Bedeutung und Bestimmung noch be- schrieben wird.

Insbesondere liefern uns die Kurven jene wichtigen Kenn- ziffern, die bei der Behandlung der Konsolidierungstheorie aufgetreten sind:

  a)   Die Verdichtungsziffer a.
  b)   Den Verfestigungsbeiwert c_v.

Wie diese Kennziffern bestimmt werden, wird in den fol- genden Aufgaben behandelt.

Die Kurven der Abb.1.43 gelten für den Fall, daß der Porenwasserüberdruck zur Zeit t = 0, also unmittelbar bei Aufbringung der Belastung, über die ganze Höhe der Ton- schicht konstant ist. Wenn eine Schicht jedoch sehr mächtig ist oder wenn sie im Spülverfahren hergestellt wurde, so ist diese Voraussetzung nicht mehr erfüllt. Die Einflüsse, die sich daraus für den zeitlichen Setzungsverlauf ergeben, werden in späteren Beispielen behandelt.

Bei den bindigen Böden, insbesondere bei den Tonen, spielt der Anfangswassergehalt auf die Zusammendrückbarkeit eine große Rolle. Abb.1.14 zeigt diese Einflüsse am Bei- spiel eines Tones. Die Zusammendrückbarkeit nimmt mit zu- nehmendem Wassergehalt zu.

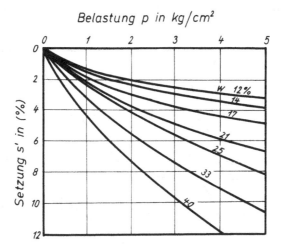

Abb.1.14   Verdichtungskurven eines Tones bei verschiedenen Wassergehalten (KEZDI 1959).

Die Konsolidierungstheorie von TERZAGHI ging davon aus,
daß der Boden völlig wassergesättigt ist, sie liefert also
die maximal mögliche Zusammendrückung. Vorsicht ist jedoch
geboten, wenn ein Boden mit seinem natürlichen Wassergehalt
im Laboratorium untersucht wird, denn die tatsächliche
Zusammendrückung im Gelände kann bei einem Anstieg des
Grundwassers oder während der regnerischen Jahreszeit wegen
der zunehmenden Bodenfeuchtigkeit erheblich größer werden.

Es läßt sich zeigen, daß bei konstanter Anfangsporenziffer die Zusammendrückung dem Wassergehalt annähernd direkt
proportional ist:

$$\frac{s_2'}{s_1'} = \frac{w_2}{w_1} \tag{1.61}$$

Dieser einfache Zusammenhang erlaubt es, die Zusammendrückung eines Bodens bei jedem gewünschten Wassergehalt
annähernd anzugeben, wenn ein Drucksetzungsdiagramm für
einen bestimmten Wassergehalt ermittelt wurde.

Trägt man die Setzungen s' der Abb.1.14 in Abhängigkeit
vom Wassergehalt auf (Abb.1.15), so ergibt sich mit großer

Genauigkeit für diese Versuchsreihe von KEZDI ein linearer
Zusammenhang zwischen beiden Werten.

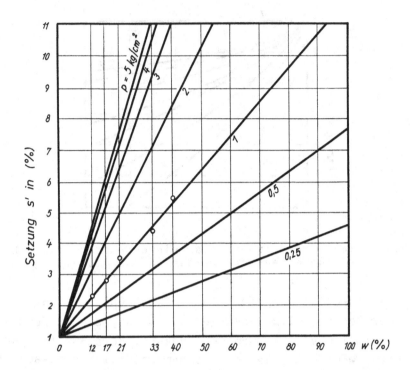

Abb. 1.15 Abhängigkeit der Setzung s' vom Wassergehalt
          eines Tones bei verschiedenen Belastungen.

Beträgt zum Beispiel der Wassergehalt des schluffigen
Tones in Abb.1.15 w = 30 %, so würde sich bei einer Zunahme
des Wassergehaltes auf w = 90 % die Zusammendrückung ver-
dreifachen:

$$\frac{s_2'}{s_1'} = \frac{w_2}{w_1} = \frac{90}{30} = 3$$

Umgekehrt muß die Zusammendrückung, die bei völliger
Wassersättigung im Kompressionsversuch bestimmt wurde, bei
einem niedrigeren natürlichen Wassergehalt um das Verhältnis:

$$\omega = \frac{w_n}{w_g} \qquad (\%) \qquad\qquad (1.62)$$

vermindert werden.

w_n = natürlicher Wassergehalt

w_g = Wassergehalt bei völliger Sättigung

ω = Reduktionsfaktor

Somit ist:

$$s_2' = \omega \cdot s_1' \qquad (\%) \qquad\qquad (1.63)$$

Die Gl.(1.63) bietet also die Möglichkeit, die nach der Konsolidierungstheorie von TERZAGHI ermittelten Setzungen, die nur für gesättigte Böden Gültigkeit haben, auf Böden mit jedem beliebigen Wassergehalt in einfacher Weise und mit hinreichender Genauigkeit umzurechnen.

Aufgabe 3   Sofortsetzung, primäre und sekundäre Setzung

Wie groß sind die Sofortsetzung, die primäre und die sekundäre Setzung des schluffigen Tones der Aufgabe 1 für die Laststufe von 2,0 kg/cm² bis 4,0 kg/cm²?

Grundlagen

In Abb.1.4, die den Verlauf der Setzungen bei logarithmischer Einteilung der Zeitachse zeigt, ist zu erkennen, daß die Zeitsetzungskurve s-förmig verläuft. Nahezu sämtliche Untersuchungen mit bindigen Böden zeigen, daß sich an den s-förmigen Verlauf ein geradliniger Verlauf der Kurve anschließt, der jedoch nicht immer bei der Auftragung der Zeitsetzungslinie für 24 Stunden erkennbar wird.

Der erste s-förmige Teil der Zeitsetzungslinie wird als primäre Setzung bezeichnet, und nur die primäre Setzung entspricht der Konsolidierungstheorie, da sie sich mit dem Auspressen des Porenwassers erklären läßt.

Der zweite geradlinige Verlauf der Zeitsetzungslinie wird als sekundäre Setzung bezeichnet. Die sekundäre Setzung wird wahrscheinlich durch plastisches Fließen des Bodens verursacht (AKAI 1960).

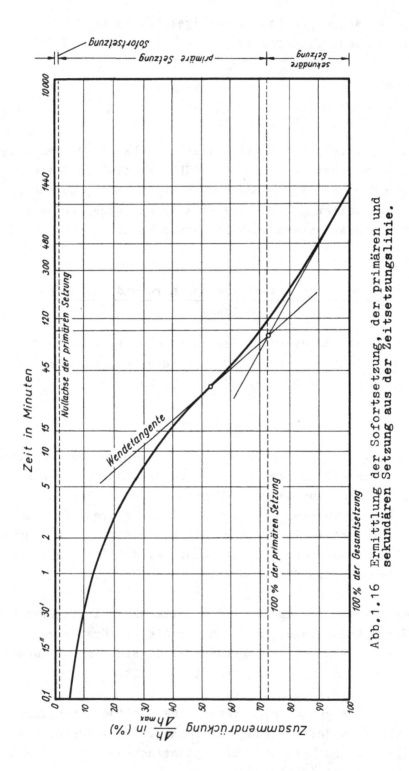

Abb.1.16 Ermittlung der Sofortsetzung, der primären und sekundären Setzung aus der Zeitsetzungslinie.

Der Anteil der sekundären Setzung an der Gesamtsetzung
ist im allgemeinen so gering, daß er bei der Setzungsberech-
nung vernachlässigt werden kann.

Bereits im Augenblick der Aufbringung der Belastung er-
fährt der Boden eine geringfügige Setzung, die durch die
Verdrängung etwaiger vorhandener Luft aus den Poren entsteht, sie ist also nicht als Konsolidierungssetzung aufzu-
fassen und wird als Sofortsetzung bezeichnet. Die primäre
Setzung beginnt erst, wenn die Sofortsetzung abgeschlossen
ist.

Abb.1.16 zeigt die Ermittlung der primären und sekundären Setzung aus der Zeitsetzungslinie der Aufgabe 1 (Abb.1.4)
mit logarithmischer Einteilung der Zeitachse.

Die Grenze zwischen der primären und der sekundären Setzung findet man, indem die Tangente durch den Wendepunkt
des s-förmigen Teils mit der Geraden der sekundären Setzung
zum Schnitt gebracht wird. Im Schnittpunkt dieser beiden Geraden sind angenähert 100 % der primären Setzung erreicht.

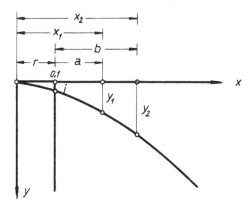

Abb.1.17 Parabolischer Verlauf zu Beginn der
          Zeitsetzungslinie.

Die Sofortsetzung läßt sich aus den geometrischen Verhältnissen der Zeitsetzungslinie ermitteln. Zu Beginn der
primären Setzung verläuft die Zeitsetzungslinie angenähert

parabolisch. Wenn die Abb.1.17 diesen Verlauf der Zeitsetzungslinie darstellt, so ist r der unbekannte Abstand bis
zum Scheitel der Parabel und i der gesuchte Abstand bis zur
Nullachse der Konsolidierungssetzung. Die allgemeine Gleichung der in Abb.1.17 dargestellten Parabel lautet:

$$y = C \cdot x^2 \qquad (1.64)$$

Mit zwei bekannten Ordinaten y_1 und y_2 lassen sich die
Abstände r und i bestimmen.

Für y_1 ist nach Abb.1.17: $x_1 = r + a$.   (1.65)

Für y_2 ist: $x_2 = r + b$.   (1.66)

Somit ist:

$$\sqrt{y_1} = \sqrt{C} \cdot (r+a) \qquad (1.67)$$

und:

$$\sqrt{y_2} = \sqrt{C} \cdot (r+b) \qquad (1.68)$$

Durch Einsetzen der Gl.(1.68) in die Gl.(1.67) ergibt
sich:

$$\sqrt{y_1} \cdot (r+b) = \sqrt{y_2} \cdot (r+a) \qquad (1.69)$$

und nach weiterer Umformung:

$$r = \frac{a \cdot \sqrt{y_2} - b \cdot \sqrt{y_1}}{\sqrt{y_1} - \sqrt{y_2}} \qquad (1.70)$$

Die Abstände a, b, y_1 und y_2 sind aus der Zeitsetzungslinie abzugreifen. Der Abb.1.17 entnimmt man außerdem:

$$\sqrt{i} = \sqrt{C} \cdot r \qquad (1.71)$$

$$\sqrt{y_1} = \sqrt{C} \cdot (r+a) \qquad (1.72)$$

Durch Einsetzen der Gl.(1.72) in die Gl.(1.71) und nach
weiterer Umformung erhält man:

$$i = y_1 \cdot \left(\frac{r}{r+a}\right)^2 \qquad (1.73)$$

Mit den Gl.(1.70) und (1.73) läßt sich die Nullachse der

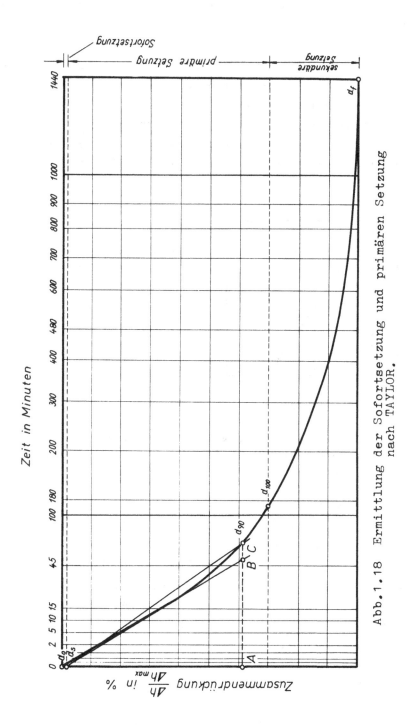

Abb.1.18 Ermittlung der Sofortsetzung und primären Setzung nach TAYLOR.

primären Setzung ermitteln. Eine graphische Lösung zur Bestimmung der Nullachse der primären Setzung geben SCHULTZE/
MUHS (1967).

TAYLOR (1948) gibt ein Verfahren zur Bestimmung der Sofortsetzung und primären Setzung an, für das die Zeitsetzungslinie mit einer Zeitachse im Wurzelmaßstab verwendet
wird. In dieser Darstellung zeigt die theoretische Zeitsetzungskurve nach der Theorie von TERZAGHI bis zum Wert
U = 0,6 etwa einen geradlinigen Verlauf (Abb.1.19).

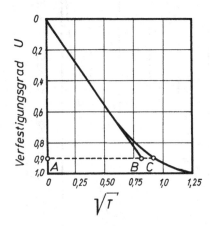

T = Zeitfaktor nach
Gl.(1.48).

U = Mittelwert der
Verfestigung nach
Gl.(1.59).

Abb.1.19 Konsolidierungskurve nach der Theorie von
TERZAGHI bei Einteilung der Zeitachse im
Wurzelmaßstab.

Sie hat die Eigenschaft, daß bei U = 0,9, also bei
einer Zusammendrückung von 90 % der Gesamtzusammendrückung,
der Abstand AC stets 1,15 AB ist. Diese Eigenschaft der
theoretischen Kurve läßt sich auf die versuchsmäßig gefun-
dene Zeitsetzungslinie übertragen. Der Anfang der Zeitsetzungslinie wird durch eine Gerade angenähert (Abb.1.18).
Diese Gerade schneidet die Ordinate durch den Koordinatennullpunkt im Punkt d_s, der unterhalb des Punktes d_0 liegen
muß. Der Abstand $d_0 - d_s$ gibt nach TAYLOR das Maß der Sofortsetzung an.

Zieht man mit dem Abstand 0,15 AB eine weitere Gerade,

so gibt die **Abszisse des Schnittpunktes dieser Geraden mit
der Zeitsetzungslinie** den Zeitpunkt an, bei dem 90 % der
primären Setzung erreicht sind.

Mit den Punkten d_0 und d_{90} läßt sich der Zeitpunkt berechnen, bei dem 100 % der Gesamtsetzung des Versuches erreicht werden.

<u>Lösung</u>

Zur Bestimmung der Sofortsetzung greift man aus Abb.1.4
ab:

Für   t   =   15 s :   a   =   1,2 cm, y_1 =   0,68 cm.
Für   t   =   2 Min.:   b   =   3,9 cm, y_2 =   1,76 cm.

Nach Gl.(1.70) ist:

$$r = \frac{1,2\sqrt{1,76} - 3,9\sqrt{0,68}}{\sqrt{0,68} - \sqrt{1,76}}$$

Nach Gl.(1.73) ist:

$$i = 0,68\left(\frac{3,21}{3,21+1,20}\right)^2 = 0,36 \, cm$$

Die Sofortsetzung ist also mit 0,49 cm (Ordinate für
t = 0,1 Min.):

$$0,49 - 0,36 = 0,13 \, cm[1]$$

10 cm entsprechen in Abb.1.4 der Gesamtsetzung von 100%,
also beträgt die Sofortsetzung:

$$\frac{0,13}{10} \cdot 100 \approx 1\,\%$$

Nach Abb.1.16 ist die primäre Setzung 71 %, und nach
Abb.1.18 ist sie 69 %. Im Mittel aus beiden Untersuchungen
ist die primäre Setzung also 70% der Gesamtsetzung.

---

[1] Die Längenangaben beziehen sich auf die unverkleiner-
ten Originalzeichnungen des Manuskriptes.

Ergebnisse

Es ist zweckmäßig, die primäre und sekundäre Setzung sowohl nach dem Tangentenverfahren (Abb.1.16) als auch nach dem Verfahren von TAYLOR (Abb.1.18) zu bestimmen und die Ergebnisse einander anzunähern. Würde man nur eines der Verfahren allein anwenden, so könnte sich schnell ein Fehler durch falsche Wahl der Tangenten und Hilfslinien einstellen.

Die Sofortsetzung kann sowohl mit den Gl.(1.70) und (1.73) als auch graphisch bestimmt werden und mit den Punkten d_s und d_0 in Übereinstimmung gebracht werden.

Die Ergebnisse zeigen, daß die Sofortsetzung nur einen sehr geringen Anteil an der Gesamtsetzung hat, während der überwiegende Teil durch die primäre Setzung, also durch die Konsolidierungssetzung, hervorgerufen wird.

In der amerikanischen Literatur ist es üblich, den Anteil der primären Setzung an der Gesamtsetzung durch den Ausdruck:

$$r = \frac{10}{9} \cdot \frac{d_s - d_{90}}{d_o - d_f} \qquad (1.74)$$

anzugeben. Mit der Gl.(1.74) hat also die primäre Setzung an der Gesamtsetzung einen Anteil von:

$$r = \frac{10}{9} \cdot \frac{70}{100} = 0,78$$

Bei den meisten bindigen Böden liegt das Verhältnis r zwischen 0,75 und 0,85, das heißt, die primäre Setzung beträgt zwischen 75 % und 85 % der Gesamtsetzung.

Aufgabe 4   Der Verfestigungsbeiwert c_v

Wie groß ist der Verfestigungsbeiwert c_v des Tones der Aufgabe 1 für die Laststufe von 2,0 kg/cm^2 bis 4,0 kg/cm^2?

Grundlagen

Der Verfestigungsbeiwert kann aus der Gl.(1.48) bestimmt werden. Es ist:

$$c_V = \frac{T \cdot H^2}{t} \qquad (\text{cm}^2/\text{s}) \qquad (1.75)$$

Setzt man den Zeitfaktor T für den Zeitpunkt ein, in dem die Konsolidierung 90 % erreicht hat, so ist:

$$c_V = \frac{T_{90} \cdot H^2}{t_{90}} \qquad (\text{cm}^2/\text{s}) \qquad (1.76)$$

In Abb.1.44 liest man ab:

$$T_{90} = 0,848 \qquad (1.77)$$

Somit ist:

$$c_V = \frac{0,848 \cdot H^2}{t_{90}} \qquad (\text{cm}^2/\text{s}) \qquad (1.78)$$

Als halbe Probenhöhe H wird der Mittelwert der halben Probenhöhe vor und nach der Aufbringung der Belastung einer Laststufe in cm eingesetzt.

Als Zeit t_{90} wird die Zeit in Sekunden eingesetzt, die sich nach dem Verfahren von TAYLOR (Abb.1.18) für die Bestimmung der Sofortsetzung und der primären Setzung ergibt.

TAYLOR (1948) hat noch ein weiteres Verfahren zur Bestimmung des Verfestigungsbeiwertes angegeben, bei dem eine Zeitsetzungskurve mit logarithmischer Einteilung der Zeitachse verwendet wird. Die Ergebnisse weichen in beiden Fällen nur unwesentlich voneinander ab.

Der Verfestigungsbeiwert c_V ist für die Ermittlung des zeitlichen Verlaufes von Setzungen, für die Berechnung des Konsolidierungsgrades nach einer bestimmten Zeit und für die Bestimmung des Durchlässigkeitsbeiwertes im Kompressionsversuch unerläßlich.

Lösung

Dem Formular zur Bestimmung der gesamten Zusammendrük-
kung (Abb.1.6) entnimmt man:

Probenhöhe.................... h_a = 1,92 cm

Probenhöhe zu Beginn der
Laststufe V.................. 1,92 - 0,22 = 1,70 cm

Probenhöhe am Ende der Last-   1,92 - 0,29 = 1,63 cm
stufe V.....................

Mittelwert der Probenhöhe..... $\dfrac{1,70 + 1,63}{2}$ = 1,67 cm

Halbe Probenhöhe............. H   = 0,84 cm

Der Abb.1.18 entnimmt man die Zeit:

$$t_{90} = 78 \text{ Min.} = 4\,680 \text{ s.}$$

Nach Gl.(1.78) ist:

$$c_v = \frac{0,848 \cdot 1,67^2}{4680} \approx 5,1 \cdot 10^{-4} \; cm^2/s$$

Ergebnisse

Die Tab.1.7 gibt einen Überblick über die Verfestigungsbeiwerte verschiedener Tone. Die Werte reichen von 0,2 cm^2/s
bis 40 cm^2/s.

Tone der Montmorillonit-Gruppe scheinen dabei niedrigere
Werte zu ergeben als Tone der Illit-Gruppe.

Die Verfestigungsbeiwerte werden größer, wenn der Ton
mit Schluff und Sand vermengt ist. Die Tone der **Montmorillonit-Gruppe** sind immer hochplastisch. Hochplastische Tone
benötigen im allgemeinen viel mehr Zeit, um vollkommen zu
konsolidieren, als normalplastische und verunreinigte Tone.

Niedrige Verfestigungsbeiwerte ergeben nach der Gl.(1.48)
große Werte für die Zeit t und lassen auf hohe Plastizität
des Tones schließen.

Aufgabe 5   Steifezahl E_s, mittlere Setzungsziffer $\Delta s'_m$, Verdichtungsziffer a und C_c-Wert

Welche Steifezahl E_s, welche mittlere Setzungsziffer $\Delta s'_m$, welche Verdichtungsziffer a und welchen C_c-Wert hat der Ton der Aufgabe 1?

Welche Beziehungen bestehen zwischen den genannten Kennziffern?

Grundlagen

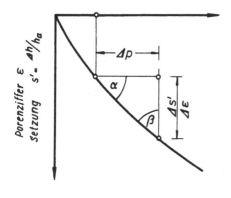

Die Steifezahl E_s wird aus dem Zusammendrückungs diagramm (Abb.1.20) bestimmt. Sie gilt nur für den Bereich der primären Setzung eines Kompressionsversuches mit behinderter Seitendehnung. Es ist:

$$E_s = tg\,\beta = ctg\,\alpha = \frac{\Delta p}{\Delta s'} \qquad (1.79)$$

Abb.1.20   Ausschnitt eines Zusammendrückungsdiagrammes.

Die Steifezahl E_s wird in kg/cm^2 ausgedrückt. Sie bezeichnet die Verformungsfähigkeit des Bodens. Da die Zusammendrückung nicht linear verläuft, gilt die Steifezahl E_s nur für einen bestimmten Kurvenabschnitt, das heißt, die Steifezahl E_s ist mit der Belastung veränderlich. Bei Materialien, die dem Hookeschen Gesetz gehorchen, ist die Steifezahl konstant und wird Elastizitätsmodul genannt.

Der reziproke Wert der Steifezahl E_s ist die mittlere Setzungsziffer $\Delta s'_m$. Sie gibt die mittlere Setzung des Bodens bei einer Laststeigerung um 1 kg/cm^2 an:

$$\Delta s'_m = tg\,\alpha = \frac{1}{E_s} = \frac{\Delta s'}{\Delta p} \qquad \left(\frac{1}{kg/cm^2}\right) \qquad (1.80)$$

In der englisch-amerikanischen Literatur ist für $\Delta s_m'$
der Ausdruck "Coefficient of volume compressibility" üblich:

$$m_V = \Delta s_m' = \frac{\Delta s'}{\Delta p} = \frac{a}{(1 + \varepsilon_o)} \quad \left(\frac{1}{kg/cm^2}\right) \quad (1.81)$$

Die Steifezahl E_s und die mittlere Setzungsziffer $\Delta s_m'$
werden aus dem Drucksetzungsdiagramm bei linearer Einteilung der Belastungsachse gewonnen.

Die Verdichtungsziffer a (englisch: Coefficient of
compressibility) wird aus dem Druckporenzifferdiagramm bei
linearer Einteilung der Belastungsachse gewonnen. Siehe
auch Gl. (1.7):

$$a = tg\, \alpha = - \frac{\Delta \varepsilon}{\Delta p} \quad \left(\frac{1}{kg/cm^2}\right) \quad (1.82)$$

Der C_c-Wert (englisch: Compression-Index) wird aus dem
Druckporenzifferdiagramm bei logarithmischer Einteilung der
Belastungsachse gewonnen:

$$C_c = - \frac{\Delta \varepsilon}{\Delta \log p} \quad (1.83)$$

Die Verdichtungsziffer a läßt sich aber auch durch den
C_c-Wert ausdrücken. Damit ergibt sich die Möglichkeit, die
Verdichtungsziffer a zu bestimmen, wenn das Druckporenzifferdiagramm nur mit logarithmischer Einteilung der Belastungsachse vorliegt.

Es ist nach Gl.(1.83):

$$d\varepsilon = - C_c \cdot d \log p$$

Mit $\qquad \dfrac{d \log p}{dp} = \dfrac{1}{p} \cdot \log e \qquad\qquad (1.84)$

ist bei Einteilung der Belastungsachse im Briggschen Logarithmus:

$$d\varepsilon = - C_c \cdot \frac{1}{p} \cdot \log e \cdot dp \quad (1.85)$$

Nach Gl.(1.82) ist: $\quad d\varepsilon = - a \cdot dp \qquad (1.86)$

Die Gl.(1.86) in die Gl.(1.85) eingesetzt, ergibt:

$$a = \frac{C}{p} \cdot \log e = 0{,}435 \cdot \frac{C}{p} \quad \left(\frac{1}{kg/cm^2}\right) \qquad (1.87)$$

Lösung

Die Steifezahl E_s kann aus Abb.1.10 ermittelt werden, in der der Verlauf der Drucksetzungslinie bei linearer Einteilung der Belastungsachse dargestellt ist. Für die **Belastungsstufe von 2,0 kg/cm²** bis **4,0 kg/cm²** ist:

$$\Delta p = 2{,}0 \ kg/cm^2$$

$$\Delta s' = 15{,}15 - 11{,}34 = 3{,}81 \ \% = 0{,}0381$$

Somit ist nach Gl.(1.79):

$$E_s = \frac{2{,}0}{0{,}0381} \approx 53 \ kg/cm^2$$

Die mittlere Setzungsziffer $\Delta s'_m$ ist nach Gl.(1.80):

$$\Delta s'_m = \frac{1}{E_s} \approx \frac{1}{53} \approx 0{,}019 \ \left(\frac{1}{kg/cm^2}\right) \qquad (1.88)$$

Die Verdichtungsziffer a kann aus Abb.1.12 ermittelt werden, in der der Verlauf der Druckporenzifferlinie bei linearer Einteilung der Belastungsachse dargestellt ist. Für die Belastungsstufe von 2,0 kg/cm² bis 4,0 kg/cm² ist:

$$\Delta \varepsilon = 0{,}442 - 0{,}379 = 0{,}063$$

$$\Delta p = 2{,}0 \ kg/cm^2$$

Somit ist nach Gl.(1.82):

$$a = -\frac{0{,}063}{2} = -0{,}032 \ \left(\frac{1}{kg/cm^2}\right) \qquad (1.89)$$

Der C_c-Wert kann aus **Abb.1.13** ermittelt werden, in der der Verlauf der Druckporenzifferlinie bei Einteilung der Belastungsachse im Briggschen Logarithmus dargestellt ist.

Für die Belastungsstufe von 2,0 kg/cm^2 bis 4,0 kg/cm^2 ist:

$$\Delta \varepsilon = 0,063$$

$$\log 4 = 0,602$$

$$\log 2 = 0,301$$

$$\Delta \log p = 0,602 - 0,301 = 0,301$$

Somit ist nach Gl.(1.83):

$$C_c = -\frac{0,063}{0,301} = -0,21 \qquad (1.90)$$

Mit dem errechneten C_c-Wert von 0,21 ergibt sich für die Verdichtungsziffer nach Gl.(1.87) der gleiche Wert wie nach der Gl.(1.82):

$$a = -\frac{0,21 \cdot 0,435}{3} = -0,031 \left(\frac{1}{kg/cm^2}\right)$$

In der Gl.(1.87) ist:

$$p = \frac{1}{2}(2+4) = 3 \ kg/cm^2$$

Zwischen den gesuchten Kennziffern bestehen folgende Beziehungen:

$$a = \frac{1}{E_s}(1+\varepsilon_o) \qquad \left(\frac{1}{kg/cm^2}\right) \qquad (1.91)$$

$$a = \Delta s_m'(1+\varepsilon_o) \qquad (1.92)$$

$$a = \frac{1}{E_s} \cdot \frac{h_a}{h_f} \qquad (h_f = \text{Höhe der Festmasse}) \qquad (1.93)$$

$$a = \Delta s_m' \cdot \frac{h_a}{h_f} \qquad (1.94)$$

$$a = \frac{C_c}{p} \cdot 0,435 \qquad \left[p = \frac{1}{2}(p_1+p_2)\right] \qquad (1.95)$$

Ergebnisse

Die Steifezahlen körniger Böden liegen zwischen 80 kg/cm^2 und 2000 kg/cm^2, bei den bindigen Böden schwanken sie zwi-

schen 1 und 400 kg/cm^2. Tabelle 1.8 gibt einen Überblick
über die Steifezahlen der hauptsächlichen Bodenarten. Der
hier untersuchte Ton ist mit E_s = 53 kg/cm^2 danach als
bildsamer, fetter Ton einzustufen.

Aus der mittleren Setzungsziffer ergibt sich, daß für
den untersuchten Ton bei der Laststufe von 2,0 kg/cm^2 bis
4,0 kg/cm^2 eine mittlere Setzung von 1,9 % je 1 kg/cm^2 Laststeigerung zu erwarten ist.

Der C_c-Wert ist mit 0,21 nahe an der unteren Grenze der
üblichen Werte. Die C_c-Werte der Tone liegen im allgemeinen
zwischen 0,1 und 5. Tab.1.7 enthält Angaben über gemessene
C_c-Werte verschiedener Tone.

Mehrere Forscher haben versucht, die Abhängigkeit der
Formänderung von der Belastung in Form einer Gleichung darzustellen. SCHULTZE/MUHS (1967) geben einen Überblick über
die wichtigsten analytischen Untersuchungen von TERZAGHI
(1936), OHDE (1939), JANBU (1963) und HAEFELI (1938).

Alle diese Gleichungen haben das Ziel, die Steifezahlen
für jede beliebige Laststufe ohne Verwendung der graphi-
schen Unterlagen angeben zu können. Da die Ergebnisse der
verschiedenen Gleichungen oft erheblich voneinander abwei-
chen, sollte man auf die laboratoriumsmäßig bestimmte Formänderung niemals verzichten und die Steifeziffer unabhängig
von den analytisch gewonnenen Gleichungen immer auch nach
den Gleichungen und Verfahren bestimmen, die in dieser Aufgabe behandelt wurden.

Die in dieser Aufgabe behandelten Kennziffern werden für
die Bestimmung der Setzung, die ein Boden unter einer Belastung erleidet, benötigt. In mehreren späteren Beispielen
wird auf ihre Anwendung und auf die Berechnung von Setzungen eingegangen.

Aufgabe 6 Ermittlung des Durchlässigkeitsbeiwertes im Kompressionsversuch

Bestimme aus dem Kompressionsversuch der Aufgaben 1 und 2 den Durchlässigkeitsbeiwert k des Tones für die Belastungsstufe von 2,0 kg/cm² bis 4,0 kg/cm².

Grundlagen

Wenn der Verfestigungsbeiwert c_V und die Verdichtungsziffer a bekannt sind, läßt sich für jede Laststufe der Durchlässigkeitsbeiwert k des Bodens bestimmen. Nach Umformung der Gl.(1.21) erhält man:

$$k = \frac{c_V \cdot a \cdot \gamma_w}{1 + \varepsilon} \qquad (cm/s) \qquad (1.96)$$

Als Porenziffer ε ist die Porenziffer einzusetzen, die vor der Aufbringung der Belastung einer Belastungsstufe vorhanden ist. Das spezifische Gewicht des Wassers kann mit $\gamma_s = 1,0$ g/cm³ angenommen werden.

Lösung

In der Aufgabe 4 wurde für die Laststufe von 2,0 kg/cm² bis 4,0 kg/cm² der Verfestigungsbeiwert c_V ermittelt. Er ist:

$$c_V = 5,1 \cdot 10^{-4} \ cm^2/s$$

In der Aufgabe 5 wurde für die gleiche Belastungsstufe die Verdichtungsziffer a bestimmt. Sie ist:

$$a = 0,032 \left(\frac{1}{kg/cm^2} \right)$$

Die Porenziffer zu Beginn der Laststufe ist nach Abb. 1.6:

$$\varepsilon = 0,442$$

Somit ist nach Gl.(1.96):

$$k = \frac{5{,}1 \cdot 10^{-4} \cdot 0{,}032 \cdot 1{,}0 \cdot 10^{-3}}{1 + 0{,}442}$$

$$k = 1{,}13 \cdot 10^{-8}\, cm/s = 1{,}13 \cdot 10^{-10}\, m/s$$

Ergebnisse

Der Kompressionsversuch bietet eine schnelle Möglichkeit, die Durchlässigkeitsbeiwerte bindiger Böden zu bestimmen. Mit einem Durchlässigkeitsbeiwert von $k = 1{,}13 \cdot 10^{-10}$ m/s liegt der Wert des untersuchten Tones im mittleren Bereich der üblichen Durchlässigkeitsbeiwerte für Tone

Wenn die Belastung erhöht wird, muß der Durchlässigkeitsbeiwert kleiner werden, denn der Verfestigungsbeiwert und die Verdichtungsziffer werden mit zunehmender Belastung kleiner.

Aufgabe 7   Vorbelastung und Verdichtungsverhältnis des Bodens

Bestimme die Vorbelastung p_V und das Verdichtungsverhältnis des Tones der Aufgaben 1 und 2 nach den Verfahren von:
a)   CASAGRANDE
b)   OHDE
c)   VAN ZELST
d)   HVORSLEV

Das Raumgewicht des Tones ist $\gamma = 1{,}79$ t/m³. Die Entnahmetiefe der Probe ist t = 2,0 m.

Vergleiche die ermittelten Werte miteinander.

Grundlagen

Die Drucksetzungskurven und Druckporenzifferkurven lassen außer der Ermittlung der beschriebenen bodenmechanischen Kennziffern auch Rückschlüsse auf die geologische Vergangenheit des Bodens zu.

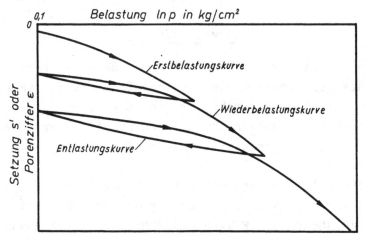

Abb.1.21 Zusammendrückungskurven mit Belastungs- und Entlastungsästen bei logarithmischer Einteilung der Belastungsachse.

Wenn ein Boden zum erstenmal zusammengedrückt wird, so ist die Zusammendrückung sehr viel größer als bei der zweiten und jeder folgenden Zusammendrückung. Die Zusammendrückungskurve der ersten Zusammendrückung wird Erstverdichtungsast genannt (Abb.1.21). Die Zusammendrückung der zweiten oder jeder folgenden Belastung wird Wiederverdichtungsast genannt. Die Verdichtungsäste haben, wie man in Abb. 1.21 erkennen kann, unterschiedliche Neigungen. Wenn daher im Laborversuch eine Zusammendrückungskurve mit deutlich unterschiedlichen Neigungen dieser Art erzielt wird, so bedeutet das, daß der Boden schon unter einer Vorbelastung gestanden haben muß, ehe er der Belastung des Laborversuches unterworfen wurde.

Für die Bestimmung dieser Vorbelastung p_V wurden verschiedene Methoden entwickelt. Von CASAGRANDE (1936) stammt das in Abb.1.22 dargestellte Verfahren. Der Punkt A stellt

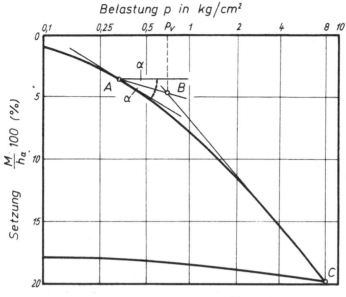

Abb.1.22   Ermittlung der Vorbelastung
nach CASAGRANDE.

$p_V = 0,71 \text{ kg/cm}^2$

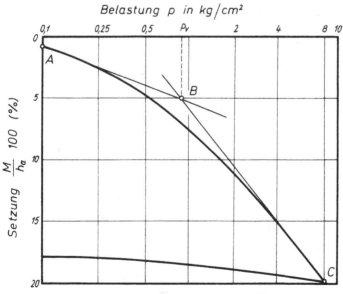

Abb.1.23   Ermittlung der Vorbelastung
nach OHDE.

$p_V = 0,83 \text{ kg/cm}^2$

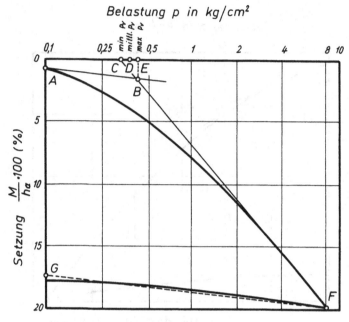

Abb.1.24   Ermittlung der Vorbelastung
nach VAN ZELST.

$p_v = 0,38$ kg/cm²

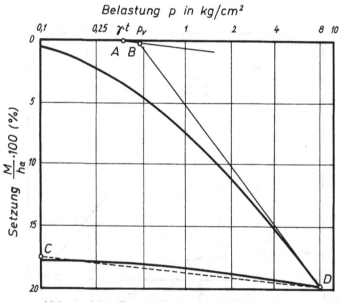

Abb.1.25   Ermittlung der Vorbelastung
nach HVORSLEV.

$p_v = 0,48$ kg/cm²

den Punkt der größten Krümmung der Zusammendrückungskurve
dar. Durch diesen Punkt wird eine Parallele zur Abszisse und
eine Tangente an die Kurve selbst gezogen. Die Gerade AB
teilt den Winkel zwischen den beiden genannten Geraden in
zwei gleiche Teile α . An den unteren Teil des Erstverdich-
tungsastes wird die Tangente BC gezogen. Die Abszisse bis
zum Schnittpunkt der Geraden AB und BC gibt die Vorbelastung p_V des Bodens an.

OHDE (1949) hat das in Abb.1.23 dargestellte Verfahren
angegeben. Die Gerade AB stellt die Tangente an den oberen
Teil des Wiederverdichtungsastes dar. Die Abszisse bis zum
Schnittpunkt dieser Tangenten gibt die Vorbelastung an. Die
Gerade BC stellt die Tangente an den Erstverdichtungsast
dar.

In der Abb.1.24 ist das Verfahren von VAN ZELST (1948)
dargestellt. Der Entlastungsast wird durch eine Gerade GF
angenähert. Durch den Punkt A wird eine Parallele zur Geraden GF gezogen. Die Gerade BF stellt die Tangente an den
Erstbelastungsast dar. Die Abszisse des Schnittpunktes der
Geraden AB und BF gibt die maximale Vorbelastung max p_V,
der Punkt C die minimale Vorbelastung min p_V und der Mittelpunkt D zwischen den Punkten C und E die mittlere Vorbelastung mittl.p_V an.

Nach HVORSLEV (1949) wird der Entlastungsast ebenfalls
durch eine Gerade CD angenähert. Man errechnet den vorhan-
denen Überlagerungsdruck $p = \gamma \cdot t$ aus und trägt diesen Wert
als Punkt A auf der Abszisse ab. Durch den Punkt A wird eine
Parallele zur Geraden CD gezogen. Die Abszisse des Schnittpunktes dieser Parallele mit der Tangente BD gibt die Vorbelastung p_V an.

Weitere Verfahren zur Bestimmung der Vorbelastung wurden
von RUTLEDGE (1944), SCHMERTMANN (1953), BURMISTER (1952),
MURAYAMA/SHIBATA (1958) und KOTZIAS (1963) beschrieben und
sind u.a. bei SCHULTZE/MUHS(1967) erläutert.

Das Verdichtungsverhältnis α ist definiert als das Verhältnis der Vorbelastung zum Überlagerungsdruck, der bei der Entnahme der Probe vorhanden ist:

$$\alpha = \frac{p_v}{\gamma \cdot t} \qquad (1.97)$$

Das Verdichtungsverhältnis gibt an, um wieviel die Vorbelastung aus früheren geologischen Bedingungen größer ist als der in der Tiefe t vorhandene gegenwärtige Überlagerungsdruck. Bei einfach verdichteten Böden ist $\alpha = 1$, bei überverdichteten Böden ist $\alpha > 1$. Wenn $\alpha < 1$ ist, so ist der Boden noch nicht vollkommen konsolidiert.

Je größer das Verdichtungsverhältnis ist, desto geringer werden die Setzungen unter der Belastung durch ein Bauwerk sein. Da das Setzungsmaß ein bodenmechanisches Kriterium für die Güte des Baugrundes ist, ist ein Boden also um so besser, je größer das Verdichtungsverhältnis α ist.

Lösung

Die Vorbelastung ist:

Nach CASAGRANDE:	p_v = 0,71	kg/cm^2
Nach OHDE:	p_v = 0,83	kg/cm^2
Nach VAN ZELST:	p_v = 0,38	kg/cm^2
Nach HVORSLEV:	p_v = 0,48	kg/cm^2

Das Verdichtungsverhältnis ist mit $\gamma \cdot t = 0,36 \ kg/cm^2$:

Nach CASAGRANDE:	α	= 1,98
Nach OHDE:	α	= 2,30
Nach VAN ZELST	α	= 1,06
Nach HVORSLEV:	α	= 1,33

Ergebnisse

In allen vier Beispielen wurde die gleiche Tangente an den Erstbelastungsast der Zusammendrückungskurve verwendet.

Die Unterschiede in der Größe der Vorbelastung ergeben sich also nur aus der Lage und Neigung der anderen Geraden, die mit der Tangente an den Erstbelastungsast zum Schnitt gebracht werden muß.

Betrachtet man die Abb.1.22 bis 1.25 unter diesem Gesichtspunkt, so wird sofort deutlich, daß nach dem Verfahren von OHDE (Abb.1.23) die größten Werte für die Vorbelastung erzielt werden müssen und die kleinsten Werte nach dem Verfahren von VAN ZELST und HVORSLEV entstehen.

Bei VAN ZELST und HVORSLEV wird mit einer Parallele zum Entlastungsast gearbeitet. Diese Parallele hat immer eine schwächere Neigung zur Abszisse als eine Tangente an den oberen Teil der Zusammendrückungskurve, sie muß also die Tangente an den unteren Teil der Zusammendrückungskurve in einem höher gelegenen Punkt schneiden als bei den Verfahren von CASAGRANDE und OHDE. Je höher aber die Tangente geschnitten wird, desto kleiner ist die Abszisse des Schnittpunktes, also die Vorbelastung p_v.

Da man keinem der Verfahren den unbedingten Vorzug geben kann, hängt es also vom Verwendungszweck der Vorbelastung ab, welchen Wert man wählen wird. Man wird jeweils den Wert wählen, der in dem behandelten Problem den größten Sicherheitsfaktor ergibt.

Wollte man also beurteilen, ob es sich bei dem untersuchten Ton um einen guten, also einen möglichst setzungsunempfindlichen Baugrund handelt, so würde man als Kriterium das Verdichtungsverhältnis nach VAN ZELST wählen. Der Baugrund ist mit $\alpha = 1,06$ ein normal konsolidierter Boden, der bei Bodenpressungen von $p > 0,4$ kg/cm^2 weitere Setzungen erwarten läßt. Er kann nicht als besonders guter Baugrund bezeichnet werden.

Wollte man dagegen die Lösbarkeit bei der Ausschachtung beurteilen, so würde man vorsorglich mit einem Verdichtungsverhältnis nach OHDE von $\alpha = 2,3$ rechnen. Demnach ist der

Boden in der gegebenen Tiefe beträchtlich überverdichtet und wird nicht so einfach zu lösen sein wie ein einfach verdichteter Boden. Bei der Kalkulation der Ausschachtungsarbeiten wird man diesem Sachverhalt durch einen entsprechenden Zuschlag Rechnung tragen.

Abschließend sei noch erwähnt, daß der Boden auch eine Vorbelastung zeigen kann, die nicht allein auf vergangene geologische Veränderungen, sondern auch auf kapillare Spannungen bei der Austrocknung der Oberfläche oder auf den Kapillardruck im Bereich des offenen Kapillarwassers zurückzuführen ist.

Aufgabe 8 Zusammendrückung einer Tonschicht

Eine 1,50 m dicke Tonschicht befindet sich unter einer Bodenpressung von $p = 0,75$ kg/cm^2. Der natürliche Wassergehalt ist $w = 30$ %. Der Wassergehalt bei völliger Wassersättigung ist $w = 92$ %. Der C_c-Wert bei völliger Wassersättigung ist 0,17. Die Anfangsporenziffer ist $\varepsilon_o = 0,82$.

Wie groß ist die Zusammendrückung des Tones, wenn sich die Bodenpressung infolge von Baumaßnahmen auf $p = 1,25$ kg/cm^2 erhöht?

Grundlagen

Bei ausgedehnten uniformen Bodenschichten kann die Zusammendrückung errechnet werden, wenn der C_c-Wert bekannt ist. Nach Umformung der Gl.(1.83) ist:

$$\varDelta\varepsilon = C_c \cdot (\log p_2 - \log p_1) = C_c \cdot \log \frac{p_2}{p_1} \qquad (1.98)$$

Mit:
$$V_0 = V_t \cdot \varepsilon \qquad (cm^3) \qquad (1.99)$$

und:
$$V_t = \frac{V}{1 + \varepsilon_o} \qquad (cm^3) \qquad (1.100)$$

ist:

$$V_0 = \frac{V}{1 + \varepsilon_0} \cdot \varepsilon \qquad (cm^3) \qquad (1.101)$$

oder:

$$\Delta V_0 = \frac{V}{1 + \varepsilon_0} \cdot \Delta \varepsilon \qquad (cm^3) \qquad (1.102)$$

ε_0 = Porenziffer vor Aufbringung der Belastung

Die Gl.(1.98) in die Gl.(1.102) eingesetzt, ergibt:

$$\frac{\Delta V_0}{V} = C_c \cdot \frac{\log P_2/P_1}{1 + \varepsilon_0} \qquad (1.103)$$

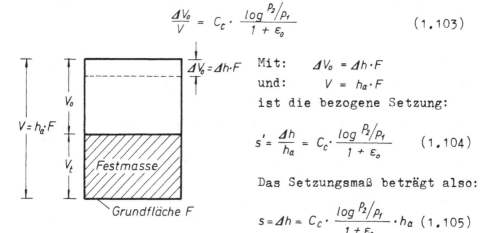

Mit: $\Delta V_0 = \Delta h \cdot F$

und: $V = h_a \cdot F$

ist die bezogene Setzung:

$$s' = \frac{\Delta h}{h_a} = C_c \cdot \frac{\log P_2/P_1}{1 + \varepsilon_0} \qquad (1.104)$$

Das Setzungsmaß beträgt also:

$$s = \Delta h = C_c \cdot \frac{\log P_2/P_1}{1 + \varepsilon_0} \cdot h_a \qquad (1.105)$$

Abb.1.26 Stoffverteilung
  in einem Bodenelement.

h_a = Schichthöhe vor Beginn
der Belastung.

Lösung

Mit der Gl.(1.105) ist:

$$s = \frac{0,17 \cdot \log {}^{1,25}/_{0,75} \cdot 150}{1 + 0,82}$$

$$s = \frac{0,17 \cdot 0,22 \cdot 150}{1,82} = 3\ cm$$

Ergebnisse

Aus der Gl.(1.105) wird der entscheidende Einfluß des
C_c-Wertes auf die Größe der Setzung ersichtlich. Ein hoch-

plastischer Ton der Montmorillonit-Gruppe mit wesentlich
größeren C_c-Werten als hier ermittelt, würde wegen der Pro-
portionalität zwischen der Setzung und dem C_c-Wert wesentlich größere Setzungen ergeben.

In der Gl.(1.105) kommt auch die aus der Erfahrung be-
kannte Tatsache zum Ausdruck, daß eine Setzung um so größer
sein muß, je größer die Belastung und je dicker die set-
zungsempfindliche Schicht ist.

Die Setzung von 3 cm wurde für einen wassergesättigten
Ton mit einem Wassergehalt von w = 92 % ermittelt. Man wird
jedoch in der Natur nur selten wassergesättigte Tone an-
treffen, und vor allen Dingen würde man wassergesättigte Tone niemals als Baugrund wählen. Eine Setzung von 3 cm für
eine Tonschicht von 1,50 m Dicke ist extrem groß.

Für eine Tonschicht im erdfeuchten Zustand mit einem
natürlichen Wassergehalt von w = 30 % hingegen ist die Setzung sehr viel geringer. Sie beträgt nach der Gl.(1.63) bei
einem Reduktionsfaktor von $\omega = w_n \, / \, w_g = 30/92 = 0,33$:

$$s \;\; = \;\; 0,33 \cdot 3,0 = 1,0 \;\; cm$$

Die Gl.(1.105) hat nur Gültigkeit, wenn die Bodenpressung mit der Tiefe unveränderlich ist. Sie darf also, streng-
genommen, nur angenommen werden, wenn die Bodenpressung aus
einer großflächigen Belastung stammt, wie es zum Beispiel
bei Erdschüttungen großen Umfanges der Fall ist. In solchen
Fällen nimmt zwar die absolute Bodenpressung aus dem Überlagerungsdruck mit der Tiefe zu, der Boden hat sich aber
unter dem Überlagerungsdruck bereits konsolidiert, so daß
nur noch die zusätzliche Belastung aus einer großflächigen
Schüttung wirksam wird, und diese ergibt eine mit der Tiefe
konstante Bodenpressung, für die die Konsolidierungstheorie
anwendbar ist.

Aufgabe 9 Größe und zeitlicher Verlauf der Setzung einer Tonschicht auf einer wasserdurchlässigen Schicht

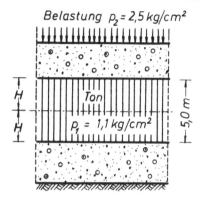

Abb.1.27 Tonschicht auf wasserdurchlässiger Schicht.

Eine 5 m dicke Tonschicht befindet sich unter einer Bodenpressung von 1,1 kg/cm². Unter der Tonschicht steht eine wasserdurchlässige Schicht aus Sand und Kies an. Der Ton hat folgende Kennziffern:

Natürlicher Wassergehalt:
$$w_n = 27 \%.$$

Wassergehalt bei völliger Sättigung:
$$w_g = 85 \%.$$

Verfestigungsbeiwert:
$$c_v = 3,2 \cdot 10^{-4} \ cm^2/s.$$
Die Anfangsporenziffer ist $\varepsilon_0 = 0,73$.

In welcher Zeit erreicht der Ton 60 % seiner Gesamtzusammendrückung, wenn die Bodenpressung auf $p_2 = 2,5$ kg/cm² erhöht wird?

In welcher Zeit würde der Ton 60 % seiner Gesamtzusammendrückung erreichen, wenn er auf einer wasserundurchlässigen Schicht ruhen würde?

Wie groß ist die Gesamtzusammendrückung des Tones?

Grundlagen

Die Setzungszeit ist nach den Gl.(1.48) und (1.60) annähernd bestimmbar. Wenn der Boden in beiden Richtungen vertikal entwässern kann, wenn er also zwischen zwei wasserdurchlässigen Schichten liegt, so ist:

$$t = \frac{T \cdot H^2}{c_V} \qquad (s) \qquad (1.106)$$

Wenn der Boden nur nach oben entwässern kann, wenn er also auf einer wasserundurchlässigen Schicht ruht, so ist nach Gl.(1.60)

$$t = \frac{4 \cdot T \cdot H^2}{c_V} \qquad (s) \qquad (1.107)$$

H = Halbe Schichtdicke in cm
T = Zeitfaktor nach Abb.1.44

Lösung

Der Zeitfaktor ist nach Abb.1.44, Kurve I, für einen Verfestigungsgrad von U = 0,6:

$$T = 0,287.$$

Die halbe Schichtdicke ist:
$$H = 250 \text{ cm.}$$

Wenn der Ton zwischen zwei wasserdurchlässigen Schichten liegt, erreicht er 60 % der Gesamtsetzung bei:

$$t = \frac{0,287 \cdot 250^2}{3,2 \cdot 10^{-4}} \qquad (s)$$

$$t = \frac{2,87 \cdot 2,5^2 \cdot 10^3}{3,2 \cdot 3,6 \cdot 2,4} \qquad Tage$$

$$t = 650 \, Tage = 1 \, {}^{3}\!/_{4} \; Jahre$$

Wenn der Ton auf einer wasserundurchlässigen Schicht ruht, dauert es viermal länger, bis 60 % der Gesamtsetzung erreicht sind, also:

$$t = 4 \cdot 1 \; 3/4 = 7 \; Jahre.$$

Die Gesamtzusammendrückung beträgt nach Gl.(1.105) mit einem Reduktionsfaktor von $\omega = 27/85 = 0,32$:

$$s = \frac{0{,}32 \cdot 0{,}27 \cdot \log \, ^{2{,}5}/_{1{,}1} \cdot 500}{1 + 0{,}73} \ cm$$

$$s = 9 \ cm$$

Ergebnisse

Im Falle beiderseitiger Entwässerung braucht eine 5 m dicke Tonschicht:

$$t = \frac{650 \cdot 1{,}0}{0{,}287} = 2\,265 \ Tage \ \cong 6 \, \frac{1}{2} \ Jahre,$$

um vollkommen zu konsolidieren.

Im Falle einseitiger Entwässerung würde der Ton viermal soviel Zeit benötigt, also:

$$t = 4 \cdot 6 \ ^1\!/_2 = 26 \ Jahre,$$

um vollkommen zu konsolidieren.

Man erkennt, daß bei bindigen Böden und insbesondere bei Tonen in jedem Falle sehr viel Zeit vergeht, ehe der Boden vollkommen konsolidiert ist. Man wird daher in der Praxis versuchen, die Setzungen zu beschleunigen, indem dem Boden zusätzliche Gelegenheit zur Entwässerung geboten wird. Dies kann durch vertikale oder horizontale Drainagen erreicht werden. Der zeitliche Setzungsverlauf für Böden mit vertikalen Sanddrainagen oder ähnlichen Baumaßnahmen wird in einer späteren Aufgabe erläutert und berechnet.

Aufgabe 10 Eindimensionale Entwässerung eines Tones auf einer wasserundurchlässigen Schicht

Eine 4,50 m dicke Tonschicht wird mit Δp = 0,9 kg/cm^2 belastet. Unter der Tonschicht befindet sich eine wasserundurchlässige Schicht.

Nachdem der Ton 10 Monate unter der Belastung gestanden

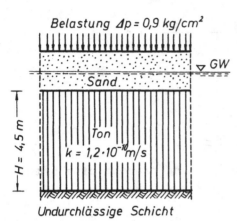

Abb.1.28 Tonschicht auf
    einer wasserundurch-
    lässigen Schicht.

hat, hat er sich um 50 % des
Endwertes zusammengedrückt.
Der Durchlässigkeitsbeiwert
des Tones ist k = 1,2·10⁻¹⁰ m/s.

Wie groß ist der Verfestigungsbeiwert c_V?

Wieviel Wasser entwässert je
Flächeneinheit der Oberfläche
des Tones zum gewählten Zeitpunkt?

Welche Setzung ist zum gewähl-

ten Zeitpunkt erreicht?

Grundlagen

Der Verfestigungsbeiwert c_V kann aus der Gl.(1.75) bestimmt werden. Der Zeitfaktor T läßt sich aus Abb.1.44 für
den Verfestigungsgrad U = 0,5 ablesen. Als Höhe H muß die
gesamte Höhe der Tonschicht eingesetzt werden. Wenn, wie
ursprünglich definiert, H die halbe Schichthöhe bedeuten
soll, dann ist die Gl.(1.107) zur Bestimmung von c_V zu wählen.

Das Setzungsmaß s kann aus der Gl.(1.22) für wassergesättigte Böden unter konstanter Bodenpressung in Abhängigkeit von der Verdichtungsziffer a und der Bodenpressung p
bestimmt werden. Die Gl.(1.22) lautet:

$$c_V \cdot \frac{\partial^2 u}{\partial z^2} = \frac{\partial u}{\partial t}$$

In die Gl.(1.22) werden für den Porenwasserüberdruck,
für die Tiefe z und für die Zeit t dimensionslose Veränderliche eingeführt. Man erhält diese dimensionslosen Veränderlichen, indem man die dimensionsbehafteten Veränderlichen durch einen konstanten Wert der gleichen Dimension di-

vidiert. So ist:

$$W = \frac{u}{u_a} \qquad (1.108)$$

u_a = beliebiger konstanter anfänglicher Porenwasserüberdruck

$$T^* = \frac{t}{\tau} \qquad (1.109)$$

τ = beliebige konstante Zeit

$$Z = \frac{z}{H} \qquad (1.110)$$

H = konstante Schichthöhe. (Hier wird die ganze
Schichthöhe eingesetzt.)

Die Gl.(1.108) bis (1.110) in die Gl.(1.22) eingesetzt,
ergibt:

$$\frac{c_v}{H^2} \cdot \frac{\partial^2 W}{\partial Z^2} = \frac{1}{\tau} \cdot \frac{\partial W}{\partial T^*} \qquad (1.111)$$

Die Differentialgleichung (1.111) wird mit Hilfe der
Variablentransformation gelöst. Es ist:

$$T = T^* \cdot \frac{c_v \cdot \tau}{H^2} \qquad (1.112)$$

$$T = \frac{c_v \cdot t}{H^2} \qquad (1.113)$$

$$\frac{W}{T} = \frac{\partial^2 W}{\partial Z^2} \qquad (1.114)$$

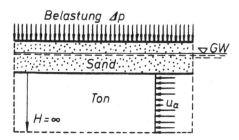

Abb.1.29 Unendlicher Halbraum und Belastung.

Der Zeitfaktor T ist der
gleiche wie in der Gl.
(1.48).

Die Gl.(1.113) kann in
einfacher Weise gelöst
werden, wenn unter der
oberen Drainageschicht
für den Ton ein unendli-

cher Halbraum angenommen wird. Unter einer plötzlich aufgebrachten Belastung wird das Wasser aus dem Ton in den Sand
strömen und der Ton sich setzen. Unmittelbar nach der Aufbringung der Belastung ist der Porenwasserüberdruck an der
Grenze zwischen Sand und Ton u = 0, während er genau im
Augenblick der Aufbringung der Belastung $u_a = \Delta p$ ist.

Soll die Gl.(1.114) für die Anfangs-bzw. Randbedingungen:

$$W \ (\ Z, \ T=0) \ = \text{const.} = 1$$
$$W \ (\ Z=0, \ T) \ = 1 \ \text{für} \ T=0$$
$$W \ (\ Z=0, \ T) \ = W_0 \ \text{für} \ T > 0$$
$$W \ (\ Z=\infty, \ T) \ = \text{const.}=1$$

gelöst werden, so entspricht dieses Problem dem Problem der
Temperaturverteilung in einem unendlichen Halbraum, der an-
fänglich unter einer gleichmäßig verteilten Temperatur
steht und an dessen Oberfläche (z=0) die Temperatur plötzlich erniedrigt wird. CARSLAW/JAEGER (1959) geben für diesen Fall eine geschlossene Lösung an:

$$W = \Phi \cdot \left(\frac{z}{2\sqrt{T}} \right) \qquad\qquad (1.115)$$

in der $\Phi(x)$ das Gaußsche Fehlerintegral ist:

$$\Phi \ (x) = \frac{2}{\sqrt{\pi}} \int_0^x e^{-t^2} \cdot dt \qquad\qquad (1.116)$$

Die Gl.(1.115) drückt das Verhältnis des Porenwasserüberdruckes u zum anfänglichen Porenwasserüberdruck u_a zu
einer bestimmten Zeit t in einer beliebigen Tiefe z aus.

Die Setzung entspricht bei einem wassergesättigten Boden
genau der Wassermenge, die infolge der Belastung und Konsolidierung aus den Poren nach Ablauf der Zeit t verdrängt
wurde. Diese Wassermenge erhält man durch die Überlegung,
daß an der Grenze zwischen Sand und Ton, also für z = 0,
nach dem Gesetz von DARCY folgende Wassermenge austritt:

$$q_{z=0,t} = k_z \cdot \left(\frac{\partial h}{\partial z} \right) = \frac{k_z}{\gamma_w} \cdot \left(\frac{\partial u}{\partial z} \right) \qquad \left(\frac{cm^3/s}{cm^2} \right) \qquad (1.117)$$

Die erste Ableitung der Gl.(1.115) nach der Tiefe z gibt
den hydraulischen Gradienten du/dz. Damit ist an der Oberfläche der Tonschicht (z=0):

$$q_{z=0,t} \;=\; \frac{k \cdot u_\alpha}{\gamma_w} \cdot \frac{1}{\sqrt{\pi \cdot c_v \cdot t}} \quad \left(\frac{cm^3\!/s}{cm^2}\right) \quad (1.118)$$

Die Gesamtmenge, die in der Zeit t durch die Oberfläche
ausgeströmt ist, ist :

$$Q_t = \int_0^t q \cdot dt \;=\; \frac{k \cdot u_\alpha}{\gamma_w \cdot \sqrt{\pi \cdot c_v}} \cdot \int_0^t \frac{1}{\sqrt{t}} \cdot dt \quad \left(\frac{cm^3}{cm^2}\right) \quad (1.119)$$

$$Q_t = \frac{2 \cdot k \cdot u_\alpha}{\gamma_w \cdot \sqrt{\pi \cdot c_v}} \cdot \sqrt{t} \quad \left(\frac{cm^3}{cm^2}\right) \quad (1.120)$$

In einem völlig wassergesättigten Boden ist im Augenblick der Belastung:

$$u_\alpha = p_2 - p_1 = \Delta p \qquad (kg/cm^2) \quad (1.121)$$

Damit wird die Teilsetzung je Flächeneinheit zur Zeit t:

$$\Delta s = \frac{2 \cdot k \cdot \Delta p}{\gamma_w \cdot \sqrt{\pi \cdot c_v}} \cdot \sqrt{t} \qquad (cm) \quad (1.122)$$

Die Gesamtsetzung s je Flächeneinheit ist erreicht, wenn
der Zeitfaktor T = 1 ist, dann ist nach der Gl.(1.113):

$$\sqrt{t} \;=\; \frac{1}{\sqrt{c_v}} \cdot H \quad (1.123)$$

Die Gl.(1.123) in die Gl.(1.122) eingesetzt, ergibt:

$$s = \frac{2}{\sqrt{\pi}} \cdot \frac{k}{\gamma_w \cdot c_v} \cdot H \cdot \Delta p \quad (cm) \quad (1.124)$$

Nach Gl.(1.21) ist:

$$\frac{k}{\gamma_w \cdot c_v} \;=\; \frac{a}{1 + \varepsilon_0} \quad (1.125)$$

Die Gl.(1.125) in die Gl.(1.124) eingesetzt, ergibt:

$$s = \frac{2}{\sqrt{\pi}} \cdot \frac{a}{1 + \varepsilon_0} \cdot H \cdot \Delta p \quad (cm) \quad (1.126)$$

Gl.(1.126) gilt nur, wenn die Bodenpressung mit der Tiefe konstant ist. Bei mit der Tiefe veränderlicher Bodenpressung kann für die Setzung wassergesättigter, bindiger Böden geschrieben werden:

$$s = \frac{2}{\sqrt{\pi}} \cdot \frac{a}{1 + \varepsilon_0} \cdot \int_0^H \Delta p \cdot dz \qquad (cm) \qquad (1.127)$$

Gewöhnlich wird der Faktor $2/\sqrt{\pi}$ in der Gl.(1.126) und in der Gl.(1.127) wegen seiner Nähe zu 1 gleich 1 gesetzt.

Mit der Gl.(1.118) kann errechnet werden, wieviel Wasser je Zeiteinheit zu einem bestimmten Zeitpunkt annähernd an der Oberfläche des Tones austritt.

Mit der Gl.(1.126) kann die Setzung s zu jedem beliebigen Zeitpunkt angegeben werden. Gl.(1.126) gibt die Gesamtsetzung an. Sie muß im Verhältnis zum gegebenen Verfestigungsgrad U reduziert werden. Der Verfestigungsgrad U läßt sich für eine gegebene Zeit t mit der Gl.(1.48) und der Abb.1.44 bestimmen.

Lösung

Für einen Verfestigungsgrad von U = 0,5 liest man in Abb.1.44 ab:

$$T = 0,197.$$

Die Zeit, in der dieser Verfestigungsgrad erreicht ist, beträgt:

$$t = 10 \cdot 30 \cdot 24 \cdot 3600 = 2,592 \cdot 10^7 \text{ s.}$$

Für H ist die volle Schichthöhe einzusetzen:

$$H = 450 \text{ cm.}$$

Der Verfestigungsbeiwert ist also nach Gl.(1.75):

$$c_v = \frac{0,197 \cdot 450^2}{2,592 \cdot 10^7} = 15 \cdot 10^{-4} \ (cm^2/s)$$

Die Wassermenge, die durch die Einheit der Oberfläche entwässert, ist nach Gl.(1.118):

$$q = \frac{1,2 \cdot 10^{-8} \cdot 0,9}{10^{-3} \sqrt{3,14 \cdot 15 \cdot 10^{-4} \cdot 2,592 \cdot 10^{7}}},$$

$$q = 0,31 \cdot 10^{-7} \quad \left(\frac{cm^3/s}{cm^2} \right).$$

Die Gesamtsetzung beträgt nach Gl.(1.126):

$$s = \frac{2}{\sqrt{3,14}} \cdot \frac{1,2 \cdot 10^{-8}}{15 \cdot 10^{-4} \cdot 10^{-3}} \cdot 450 \cdot 0,90$$

$$s = 4,4 \ cm$$

Nach 10 Monaten hat sich der Ton um 50 % der Gesamtsetzung, also um s = 2,2 cm, gesetzt.

Aufgabe 11   Dreidimensionale Entwässerung durch vertikale Sanddrainagen

Die Setzung der Tonschicht der Aufgabe 10 muß beschleunigt werden, da sonst der Terminplan für die gesamten Baumaßnahmen nicht eingehalten werden kann.

Um die Setzungen zu beschleunigen, werden vertikale Sanddrainagen angeordnet. Die Sanddrainagen haben einen Durchmesser von 50 cm, ihr Abstand untereinander beträgt 6,0 m, und die Tiefe reicht bis zur wasserundurchlässigen Schicht. Es ist dafür gesorgt, daß die Wandung des Bohrloches nicht wesentlich verschmutzt und der Ton in diesem Bereich nicht wesentlich gestört ist. Der Verfestigungsbeiwert c_v ist in vertikaler und horizontaler Richtung gleich groß.

Zeichne die Zeitsetzungslinie bei Entwässerung in vertikaler und radialer Richtung. Vergleiche das Ergebnis mit der Zeitsetzungslinie nur für die vertikale Entwässerung.

Wieviel Prozent der Endsetzung sind nach 10 Monaten Belastungsdauer erreicht?

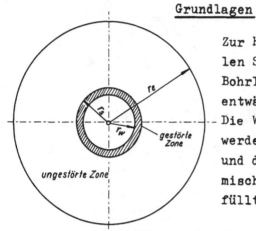

Abb.1.30 Grundriß einer
          vertikalen Sanddrai-
          nage.

Grundlagen

Zur Herstellung einer vertikalen Sanddrainage wird ein
Bohrloch durch die ganze zu
entwässernde Schicht abgeteuft.
Die Wandungen des Bohrlochs
werden sorgfältig abgespült
und das Bohrloch mit einem Ge-
misch aus Kies uns Sand aufge-
füllt.

Es ist offensichtlich, daß an
der Wandung des Bohrloches ein
mehr oder weniger starker Man-
tel entstehen muß, in dem der Durchlässigkeitsbeiwert k infolge der Störung des natürlichen Zustandes, der Verdichtung des Bodens oder infolge von Verschmutzung oft erheblich abgemindert wird.

Um das Problem zu vereinfachen, wird im allgemeinen angenommen, daß der Durchlässigkeitsbeiwert der Sanddrainage
unendlich groß ist und ihre Zusammendrückbarkeit gleich
Null ist.

Der Durchlässigkeitsbeiwert der gestörten Zone k_s wird
kleiner angenommen als der Durchlässigkeitsbeiwert des ungestörten Bodens, und die gestörte Zone wird als unzusammen-
drückbar angesehen.

r_w = Radius des Bohrloches
r_s = Äußerer Radius der gestörten Zone
r_e = Effektiver Radius der Sanddrainage

Eine vollständige Lösung dieses Problems geben BARRON
(1948), RICHART (1959) und SCOTT (1963). Es ist:

$$U = 1 - e^{-2T_r/m} \qquad (1.128)$$

U = Verfestigungsgrad

$$T_r = \frac{c_r \cdot t}{r_e^2} = \text{Zeitfaktor für die Entwässerung in radialer Richtung} \qquad (1.129)$$

$$m = \left[\frac{n^2}{n^2-1} \cdot \ln n \; - \; \frac{3n^2-1}{4n^2} + \frac{k_r}{r_w \cdot K} \cdot \frac{n^2-1}{n^2} \right] \qquad (1.130)$$

$$n = r_e/r_w$$

k_r = Durchlässigkeitsbeiwert des ungestörten Bodens in radialer Richtung

$1/K$= Oberflächenwiderstand der gestörten Zone

Die Gl.(1.128) ist in Abb.1.46 für verschiedene Werte von T_r und m graphisch ausgewertet.

Die Gl.(1.130) ist in Abb.1.47 für verschiedene Werte von $k_r/r_w \cdot K$ und n graphisch ausgewertet. Für den Ausdruck $k_r/r_w \cdot K$ kann auch geschrieben werden:

$$\frac{k_r}{r_w \cdot K} = \frac{k_r}{k_s} \cdot (\tau - 1) \qquad (1.131)$$

τ = Scherfestigkeit des Bodens

Die übliche Entwurfstechnik ist, die gestörte Zone nicht zu berücksichtigen, dafür aber den Radius der Sanddrainage kleiner anzunehmen. Außerdem kann bei sorgfältiger Ausführung die gestörte Zone so klein gehalten werden, daß ihre Wirkung nicht in Betracht gezogen werden muß.

Nimmt man an, daß die gestörte Zone so klein ist, daß ihre Wirkung vernachlässigt werden kann, so geht der Durchlässigkeitsbeiwert der gestörten Zone gegen Unendlich, und die Gl.(1.131) ist:

$$\frac{k_r}{r_w \cdot K} = \frac{k_r}{k_s} (\tau - 1) = 0 \qquad (1.132)$$

In diesem Falle ist:

$$m = \left[\frac{n^2}{n^2-1} \cdot \ln n \; - \; \frac{3n^2-1}{4n^2} \right] \qquad (1.133)$$

Werte für m im Falle $k_r/r_w \cdot K = 0$ sind in Abb.1.47 ebenfalls enthalten.

Der Verfestigungsgrad $U_{r,z}$ bei gleichzeitiger vertikaler und radialer Entwässerung ist nach SCOTT (1963):

$$U_{r,z} = 1 - (1 - U_r) \cdot (1 - U_z) \qquad (1.134)$$

Die hier wiedergegebenen Gleichungen gelten für den Fall einer gleichmäßigen Verformung des Bodens, wie sie zum Beispiel unter der Belastung durch eine starre Gründungsplatte entstehen. In Wirklichkeit werden im Boden jedoch mehr oder weniger unterschiedliche Verformungen entstehen. Die Unterschiede in der Berechnung des Verfestigungsgrades sind jedoch unbedeutend, so daß die Gl.(1.128), (1.130) und (1.133) eine hinreichende Genauigkeit ergeben.

Lösung

Mit den Gl.(1.128) und (1.133) sowie den Kurven der Abb.1.46 und 1.47 kann die Zeitsetzungslinie für die radiale Entwässerung ermittelt werden. Es ist:

$$n = \frac{r_e}{r_w} = \frac{300}{50} = 6$$

$$\frac{k_r}{r_w \cdot K} = 0$$

Nach Abb.1.47 ist m = 1,1.

Die Zusammendrückung $\Delta h / \Delta h_{max}$ entspricht dem Verfestigungsgrad U_r und kann für verschiedene Werte von T_r der Abb.1.46 entnommen werden. Es ist:

r_e = 3,0 m = halber Abstand der Drainagen

$$T = \frac{c_r \cdot l}{r_e^2} = \frac{15 \cdot 10^{-4}}{9 \cdot 10^4} \cdot t \qquad \text{(t in Sekunden)}$$

$$T_r = 1,44 \cdot 10^{-3} \cdot t \qquad \text{(t in Tagen)}$$

t Tage	$T_r =$ $1,44 \cdot 10^{-3} \cdot t$	U_z Abb. 1.46	$\Delta h / \Delta h_{max}$ (%)
10	$1,44 \cdot 10^{-2}$	0,01	1
50	$7,20 \cdot 10^{-2}$	0,15	15
100	$1,44 \cdot 10^{-1}$	0,30	30
500	$7,20 \cdot 10^{-1}$	0,83	83
1000	$1,44$	0,95	95
2000	$2,88$	1,00	100

Tabelle 1.2   Ermittlung der Zeitsetzungslinie für radiale Entwässerung.

Die Zeitsetzungslinie für vertikale Entwässerung kann nach der Gl.(1.48) und der Abb.1.44 bestimmt werden. Nach Gl.(1.48) ist:

$$T = \frac{c_v \cdot t}{H^2} = \frac{15 \cdot 10^{-4}}{450^2} \cdot t \quad \text{(t in Sekunden)}$$

$$T = 6,4 \cdot 10^{-4} \cdot t \quad \text{(t in Tagen)}$$

t Tage	$T =$ $6,4 \cdot 10^{-4} \cdot t$	U_z Abb. 1.44	$\Delta h / \Delta h_{max}$ (%)
10	$6,4 \cdot 10^{-3}$	---	---
50	$3,2 \cdot 10^{-2}$	0,15	15
100	$6,4 \cdot 10^{-2}$	0,28	28
500	$3,2 \cdot 10^{-1}$	0,60	60
1000	$6,4 \cdot 10^{-1}$	0,82	82
2000	$1,28$	1,00	100

Tabelle 1.3   Ermittlung der Zeitsetzungslinie für vertikale, einseitige Entwässerung.

Die Zusammendrückung bei gleichzeitiger vertikaler und radialer Entwässerung kann nach der Gl.(1.134) bestimmt werden. In der Tab.1.4 ist die Zeitsetzungslinie für gleichzeitige radiale und vertikale Entwässerung ermittelt.

Der zeitliche Verlauf der Zusammendrückung für radiale, vertikale und kombinierte Entwässerung ist in Abb.1.31 dargestellt.

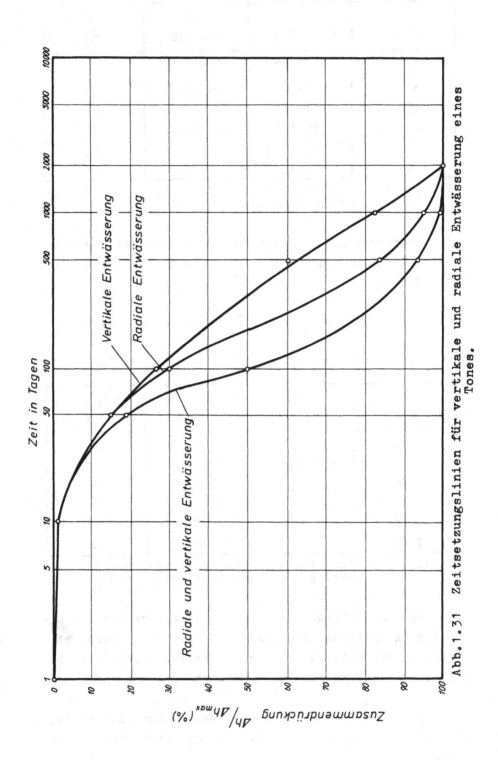

Abb.1.31 Zeitsetzungslinien für vertikale und radiale Entwässerung eines Tones.

t Tage	U_r	$1 - U_r$	U_z	$1 - U_z$	$(1-U_r)(1-U_z)$	U (%)
10	0,01	0,99	----	----	----	----
50	0,15	0,85	0,15	0,85	0,72	18
100	0,30	0,70	0,28	0,72	0,50	50
500	0,83	0,17	0,60	0,40	0,07	93
1000	0,95	0,05	0,82	0,18	0,01	99
2000	1,00	0	1,00	0	0	100

Tabelle 1.4   Ermittlung der Zeitsetzungslinie bei
              gleichzeitiger vertikaler und radia-
              ler Entwässerung.

Ergebnisse

Während bei nur eindimensionaler, vertikaler Entwässerung der Ton nach 10 Monaten zu 50 % konsolidiert ist, sind
bei kombinierter Entwässerung nach 10 Monaten bereits 85 %
der Endsetzung erreicht, wie man der Abb.1.31 entnehmen
kann. Der Zeitgewinn ist also ganz erheblich. Die Restset-
zung ist so gering, daß nach 10 Monaten Belastungsdauer mit
den Bauarbeiten fortgefahren werden kann.

Abb.1.31 gibt auch einen Eindruck über die Wirksamkeit
der radialen Entwässerung im Verhältnis zur vertikalen, einseitigen Entwässerung. Um 85 % der Gesamtsetzung zu erreichen, würde man bei nur radialer Entwässerung 500 Tage benötigen, während bei nur vertikaler Entwässerung annähernd
die doppelte Zeit, also 1000 Tage erforderlich sind. Die
besten Ergebnisse lassen sich erzielen, wenn folgende Abmessungen beim Entwurf und bei der Ausführung von Sanddrainagen eingehalten werden:

a)   Durchmesser der Sanddrainage d = 20 cm bis 80 cm.
     (Am häufigsten d = 50 cm.)
b)   Abstände der Sanddrainagen untereinander l = 1,50 m
     bis 6,0 m. (Am häufigsten l = 2,0m bis 3,0 m.)

Aufgabe 12   Zusammendrückung einer Tonschicht bei nichtkonstantem anfänglichem Porenwasserüberdruck

Eine Tonschicht von 4,0 m Dicke steht unter einer gleichmäßig verteilten Belastung von 1,5 kg/cm². Der Verfestigungsbeiwert des Tones ist $c_v = 13{,}2 \cdot 10^{-4}$ cm²/s.

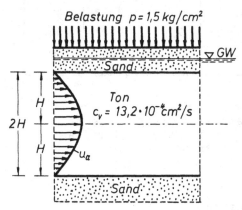

Abb.1.32 Tonschicht mit veränderlichem anfänglichem Porenwasserüberdruck.

Die Tonschicht befindet sich unter dem Grundwasserhorizont. Sie kann sowohl nach oben als auch nach unten entwässern. Der Verlauf des Porenwasserüberdruckes unmittelbar bei der Belastung muß, wie Versuche ergeben haben, sinusförmig angenommen werden und verläuft nach der Funktion:

$$u_a = u_{a_{max}} \cdot \sin \frac{\pi \cdot z}{2H} \qquad (1.135)$$

Nach welcher Zeit erreicht der Ton unter dieser Annahme 70 % seiner Gesamtsetzung?

Nach welcher Zeit erreicht der Ton 70 % der Gesamtsetzung, wenn der Porenwasserüberdruck im Gegensatz dazu konstant angenommen wird?

Grundlagen

In der Gl.(1.58) für den mittleren Verfestigungsgrad U kann für den anfänglichen Porenwasserüberdruck u_a eine beliebige Verteilung eingesetzt werden. Für konstanten anfänglichen Porenwasserüberdruck ergab sich die Gl.(1.59), die in Abb.1.44 für verschiedene Werte von T ausgewertet und als Kurve I bezeichnet ist.

Setzt man in der Gl.(1.58):

$$u_\alpha = u_{\alpha_{max}} \cdot \sin \frac{\pi \cdot z}{2H}$$

so ergibt sich dafür die in Abb.1.44 dargestellte Kurve II.

Die Verteilung des anfänglichen Porenwasserüberdruckes kann bei sehr dicken Tonschichten auch nach einer linearen Funktion verlaufen, aber sowohl für den konstanten als auch für den linear veränderlichen Porenwasserüberdruck ist die Gl.(1.59) in der gegebenen Form anwendbar.

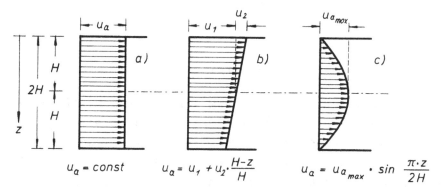

Abb.1.33   Verteilung des Porenwasserüberdruckes in
           bindigen Böden.
     a)   konstante Verteilung
     b)   linear veränderliche Verteilung
     c)   sinusförmige Verteilung

In der Abb.1.33 sind die drei betrachteten Arten des anfänglichen Porenwasserüberdruckes noch einmal zusammengestellt.

Lösung

Der Abb.1.44 entnimmt man aus der Kurve II für U = 70 %:

$$T = 0,5.$$

Aus der Gl.(1.48) läßt sich die Zeit t ermitteln, die erforderlich ist, um 70 % der Gesamtsetzung zu erreichen:

$$t = \frac{T \cdot H^2}{c_v} = \frac{0,5 \cdot 16 \cdot 10^4}{13,2 \cdot 10^{-4}} \quad (s)$$

$$t = \frac{80}{1,32 \cdot 2,59} = 23 \text{ Monate}$$

Wenn der anfängliche Porenwasserüberdruck konstant angenommen wird, entnimmt man der Kurve I der Abb.1.44 für U = 70 %:

$$T = 0,4$$

Der Ton erreicht in diesem Falle 70 % seiner Gesamtsetzung nach:

$$t = \frac{0,4}{0,5} \cdot 23 = 18 \text{ Monate}$$

Ergebnisse

Eine sinusförmige Verteilung des anfänglichen Porenwasserüberdruckes ergibt bei gleicher Belastung eine längere Zeitdauer, um einen bestimmten Verfestigungsgrad zu erreichen, als eine konstante Verteilung. Die Kurven I und II nähern sich jedoch mit zunehmendem Zeitfaktor so stark, daß die Verfestigungsgrade sich in der Nähe der Endzusammendrückung kaum noch voneinander unterscheiden.

In der Natur wird der anfängliche Porenwasserüberdruck meistens einem Mittelwert der Kurven I und II entsprechen. Die Abweichungen von den Werten der Kurve I sind also so gering, daß man mit hinreichender Genauigkeit den zeitlichen Setzungsverlauf nach der Kurve I berechnen kann.

Aufgabe 13   Zeitlicher Setzungsverlauf eines im Spülverfahren hergestellten Planums

Im Zuge der Bauarbeiten für einen Hafen wird ein Teil des Hafengeländes im Spülverfahren hergestellt. Der Boden besteht aus einem schluffigen Ton mit einem Verfestigungsbeiwert von $c_v = 13,7 \cdot 10^{-4}$ cm²/s. Die aufzuspülende Schicht hat eine Dicke von 2,80 m. Der Untergrund besteht aus einem wasserundurchlässigen Ton, dessen Zusammendrückung gesondert ermittelt wird und die abgeschlossen sein wird,

wenn die eingespülte Schicht vollkommen konsolidiert ist.
Nach dem Terminplan sind für die Konsolidierung des Spülbo-
dens 24 Monate vorgesehen.

Welchen Verfestigungsgrad hat der Boden nach Ablauf von
24 Monaten erreicht?

Kann der Terminplan eingehalten werden?

Grundlagen

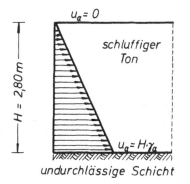

Abb.1.34 Porenwasserüberdrük-
ke zur Zeit t = 0 in ei-
nem gespülten Planum.

Bei einem gespülten Boden
ist die einzige Belastung
das Eigengewicht des Spül-
bodens. An der Geländeoberfläche ist der Porenwasserüberdruck zur Zeit t = 0:

$$u_a = 0.$$

An der Oberfläche der wasserundurchlässigen Schicht
ist der Porenwasserüberdruck
zur Zeit t = 0:

$$u_a = H \cdot \gamma_a = H \cdot (\gamma_g - 1) \qquad (1.136)$$

TERZAGHI gibt für den Fall eines gespülten Planums die
Abhängigkeit zwischen dem Verfestigungsbeiwert und dem Zeit-
faktor an, die als Kurve III in Abb.1.44 wiedergegeben ist.
Die Kurven II und III stimmen annähernd überein.

Lösung

Der Zeitfaktor wird nach der Gl.(1.48) ermittelt.
$$t = 24 \text{ Monate} = 6{,}22 \cdot 10^{+7} \text{ s.}$$

$$T = \frac{c_V \cdot t}{H^2} = \frac{13{,}7 \cdot 10^{-4} \cdot 6{,}22 \cdot 10^7}{2{,}8^2 \cdot 10^4} = 1{,}1$$

Der Abb.1.44 entnimmt man für T = 1,1 einen Verfesti-

gungsgrad von U = 0,93. Der eingespülte Boden ist also nach
24 Monaten nahezu vollkommen konsolidiert, so daß die vorgesehenen Bauarbeiten aufgenommen werden können. Der Terminplan kann somit eingehalten werden.

**Aufgabe 14   Zusammendrückung bindiger Böden bei
Berücksichtigung linearer Lastzunahme während
der Bauarbeiten**

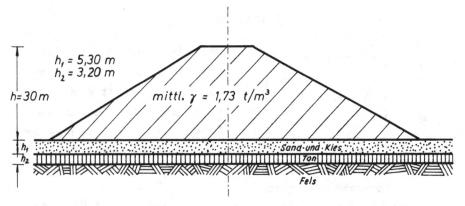

Abb.1.35 Schematischer Querschnitt durch einen Erddamm.

Der Damm hat an seiner höchsten Stelle eine Höhe von
h = 30 m. Bohrungen haben unter einer 5,30 m dicken Schicht
aus Sand und Kies eine 3,20 m dicke wassergesättigte Tonschicht ergeben. Der Verfestigungsbeiwert des Tones beträgt
für die Laststufe von 0 – 5,0 kg/cm^2 c_v = 29·10^{-4} cm^2/s.
Das mittlere Raumgewicht des Dammaterials beträgt
γ = 1,73 t/m^3. Der Erddamm wird in einem kontinuierlichen
Arbeitsgang innerhalb von 16 Monaten hergestellt.

Nach Ablauf welcher Zeit hat die Zusammendrückung des
Tones 85 % ihres Endwertes erreicht, wenn die Zusammendrük-
kung auch während der Schüttung des Dammes berücksichtigt
werden soll?

Im Mittelteil des Dammes darf dabei näherungsweise eine
mit der Tiefe konstante Bodenpressung angenommen werden.

Grundlagen

TERZAGHI (1943) gibt für den zeitlichen Verlauf der Zusammendrückung im Falle einer linear zunehmenden Belastung
eine näherungsweise Lösung an, mit der der Verfestigungsgrad schnell ermittelt werden kann. (Siehe auch TERZAGHI-
FRÖHLICH 1936.)

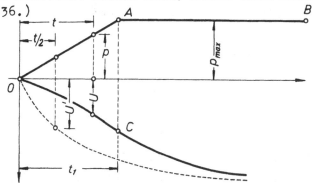

Abb.1.36   Konstruktion der Zeitsetzungslinie bei li-
           near zunehmender Belastung nach TERZAGHI.

Die Linie OAB in Abb.1.36 gibt die Änderung der Belastung an. Man nimmt näherungsweise an, daß die Bodenpressung
p zum Zeitpunkt t nur während der Hälfte der wirklichen Be-
lastungszeit gewirkt hat, also nur für die Dauer t/2 wirksam gewesen ist. Für diese halbe Zeit ermittelt man den
Verfestigungsgrad U'. Der Verfestigungsgrad zum Zeitpunkt t
ist dann näherungsweise:

$$U = U' \cdot \frac{p}{p_{max}} \cdot 100 \quad (\%) \qquad (1.137)$$

Auf diese Weise kann der Verfestigungsgrad U bis zum
Punkt C, in dem die Laststeigerung beendet ist, errechnet
und aufgetragen werden. Der weitere Verlauf der Zeitsetzungslinie ist mit dem Verlauf der gestrichelten Kurve vom
Punkt $t_1/2$ an identisch. Die gestrichelte Kurve stellt den
zeitlichen Setzungsverlauf für den Fall dar, daß die Last
p_{max} in voller Größe zum Zeitpunkt t = 0 aufgebracht wird.

Lösung

In Abb.1.37 ist die Zeitsetzungslinie für linear veränderliche Belastung aufgetragen. Der Zeitfaktor T' für t/2

wird nach der Gl.(1.48) ermittelt:

$$T' = \frac{c_v \cdot t}{H^2} = \frac{29 \cdot 10^{-4} \cdot 2{,}59 \cdot 10^6}{3{,}2^2 \cdot 10^4} \cdot \frac{t}{2} = 0{,}037\ t$$

t   = Belastungsdauer in Monaten
H   = Schichtdicke des Tones in cm
c_v = Verfestigungsbeiwert in cm^2/s.

Für die gestrichelte Linie ist T = 0,074 t.

Die maximale Belastung beträgt:

$$p_{max} = 30 \cdot 1{,}73 = 52\ t/m^2 = 5{,}2\ kg/cm^2.$$

Der Verfestigungsgrad in Abhängigkeit von der Zeit bei linear veränderlicher Belastung wird in der Tab.1.5 berechnet

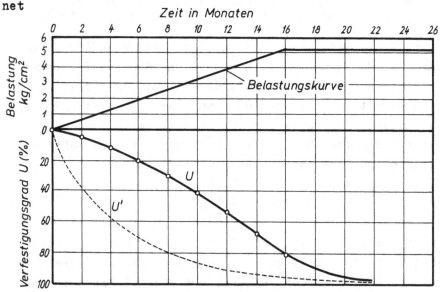

Abb.1.37   Zeitsetzungslinie für linear veränderliche
Belastung.

Der Ton hat, wie man der Abb.1.37 entnehmen kann, nach 17 Monaten 85 % seiner Endsetzung erreicht.

Ergebnisse

Wie man der Abb.1.37 entnehmen kann, weichen die Verfe-

stigungsgrade für den Fall linear veränderlicher Belastung
und für die Annahme, daß die Totallast zur Zeit t = 0 voll
wirksam ist, erheblich voneinander ab. Erst im Bereich
hoher Verfestigungsgrade werden die Unterschiede kleiner.

t	p	p/p_{max}	$T'= 0{,}037 \cdot t$	U'	$U= U' \cdot \dfrac{p}{p_{max}} \cdot 100$	$T= 0{,}074 \cdot t$	U $p = const.$
Monate	kg/cm²	---	---	%	%	---	%
0	0	---	---	---	---	---	---
2	0,65	0,125	0,074	28	4	0,15	40
4	1,30	0,250	0,148	43	11	0,30	56
6	1,95	0,375	0,220	52	20	0,44	72
8	2,60	0,500	0,300	60	30	0,59	81
10	3,25	0,625	0,370	67	42	0,74	87
12	3,90	0,750	0,440	72	54	0,89	91
14	4,55	0,875	0,520	77	67	1,04	93
16	5,20	1,000	0,590	81	81	1,18	94

Tabelle 1.5 Ermittlung des Verfestigungsgrades bei
linear veränderlicher Belastung.

In dem hier untersuchten Beispiel beträgt der wirkliche
Verfestigungsgrad nach 10 Monaten zum Beispiel näherungsweise 40 %. Würde man die lineare Veränderlichkeit nicht in
Betracht ziehen, so erhielte man nach Ablauf dieser Zeit
bereits einen Verfestigungsgrad von 85 %. Dieser hohe Verfestigungsgrad muß also ein völlig falsches Bild von den
tatsächlichen Verhältnissen geben, denn der Damm wird sich
in Wirklichkeit noch weitere 10 Monate setzen. Bei setzungs-
empfindlichen Baumaßnahmen ist daher stets der zeitliche
Setzungsverlauf unter Berücksichtigung der Laständerung zu
ermitteln.

Aufgabe 15 Porenwasserüberdruck und intergranu-
larer Druck

Wie groß ist der Porenwasserüberdruck und der intergranulare Druck in der Mitte der Tonschicht der Aufgabe 9 nach

Ablauf der in Aufgabe 9 errechneten Zeit, wenn völlige Wassersättigung des Tones vorausgesetzt wird?

Grundlagen

Nach Gl.(1.8) ist:

$$U_z = \frac{\varepsilon_1 - \varepsilon}{\varepsilon_1 - \varepsilon_2} = \frac{p - p_1}{p_2 - p_1}$$

Durch Einsetzen der Gl.(1.6) in die Gl.(1.8) erhält man:

$$U_z = \frac{p - p_1}{p_2 - p_1} = 1 - \frac{u}{u_a} \qquad (1.138)$$

Mit der Gl.(1.138) kann der Porenwasserüberdruck nach Ablauf der Zeit t berechnet werden.

Lösung

Um den Verfestigungsgrad U_z bestimmen zu können, muß der Zeitfaktor T für t = 1 3/4 Jahre = 21 Monate bekannt sein. Bei Entwässerung des Tones vertikal nach oben und unten ist:

$$T = \frac{c_v \cdot t}{H^2}$$

$$T = \frac{3{,}2 \cdot 10^{-4} \cdot 21 \cdot 2{,}59 \cdot 10^6}{250^2} = 0{,}278$$

Der Abb.1.43 entnimmt man für T = 0,278 und z/H = 1 einen Verfestigungsgrad von U_z = 0,38. Somit ist der Porenwasserüberdruck nach 1 3/4 Jahren in der Mitte der Tonschicht nach Gl.(1.138):

$$u = u_a \cdot (1 - 0{,}38) \qquad (kg/cm^2)$$

Nach Gl.(1.4) ist $u_a = p_2 - p_1 = 2{,}5 - 1{,}1 = 1{,}4$ kg/cm^2.

$$u = 1{,}4 \cdot 0{,}62 = 0{,}87 \quad kg/cm^2$$

Der intergranulare Druck ist nach Gl.(1.6):

$$p = p_1 + u_a - u$$

$$p = 1{,}1 + 1{,}4 - 0{,}87 = 1{,}63 \ kg/cm^2.$$

Für die Bestimmung des Verfestigungsgrades U_z bei nur einseitiger, vertikaler Entwässerung, also für den Fall, daß die Tonschicht auf einer wasserundurchlässigen Schicht ruht, ist für H die gesamte Schichtdicke einzusetzen. Es ist somit:

$$T = \frac{3,2 \cdot 10^{-4} \cdot 21 \cdot 2,59 \cdot 10^6}{500^2}$$

$$T = 0,07$$

Der Abb.1.43 entnimmt man für T = 0,07 und z/H = 0,5 einen Verfestigungsgrad von $U_z = 0,16$.

Der Porenwasserüberdruck nach 1 3/4 Jahren in der Mitte der Tonschicht ist daher nach Gl.(1.138):

$$u = 1,4 \cdot (1 - 0,16) = 1,18 \text{ kg/cm}^2.$$

Der intergranulare Druck ist:

$$p = 2,50 - 1,18 = 1,32 \text{ kg/cm}^2.$$

Ergebnisse

Wenn die Tonschicht vertikal nach unten und oben entwässern kann, so hat sie sich nach 1 3/4 Jahren doppelt so stark gesetzt wie im Falle einer nur einseitigen Entwässerung.

Der Porenwasserüberdruck ist im ersten Falle noch etwa 3/5 des Anfangs-Porenwasserüberdruckes, während er im zweiten Falle noch etwa 4/5 des Anfangs-Porenwasserüberdruckes ist.

Bindige Böden auf undurchlässigen Schichten brauchen, wie die theoretische Rechnung und die praktische Erfahrung zeigen, sehr viel längere Zeit bis zur vollständigen Setzung als Böden, die in beiden Richtungen vertikal entwässern können.

Aufgabe 16 Zeitliche Änderung der Porenziffer während der Konsolidierung

Welche Porenziffer hat der Ton der Aufgabe 9 nach Ablauf der errechneten Zeit in der Mitte der Tonschicht, wenn völlige Wassersättigung des Tones vorausgesetzt wird?

Grundlagen

Die zeitliche Änderung der Porenziffer kann nach der Gl.(1.8) berechnet werden:

$$U_z = \frac{\varepsilon_1 - \varepsilon}{\varepsilon_1 - \varepsilon_2}$$

Der Verfestigungsgrad U_z wird für den Zeitfaktor T der Abb.1.43 entnommen. Die Anfangs-Porenziffer ε_1 ist bekannt, es muß nur noch die Endporenziffer ε_2 bestimmt werden. Es ist nach Gl.(2.18)(siehe: BÖLLING, Bodenkennziffern und Klassifizierung von Böden):

$$\varepsilon_2 = \frac{n_2}{100 - n_2} \qquad (1.139)$$

Außerdem ist:

$$n_2 = \frac{V_{02}}{V} \cdot 100 = \frac{h_{02}}{h_a} \cdot 100 \qquad = \text{Porenvolumen nach vollständiger Konsolidierung (\%).}$$

$$h_{02} = h_{01} - s \qquad = \text{Höhe des Hohlraumes nach vollständiger Konsolidierung in cm.}$$

$$h_{01} = n_1 \cdot h_a \qquad = \text{Höhe des Hohlraumes vor Beginn der Konsolidierung in cm.}$$

$$h_a \qquad = \text{Schichtdicke vor der Konsolidierung in cm.}$$

Nach Gl.(1.105) ist:

$$s = C_c \cdot \frac{\log \frac{p_2}{p_1}}{1 + \varepsilon_1} \cdot h_a \quad (cm)$$

Somit ist also:

$$n_2 = \frac{h_{01} - s}{h_a} \cdot 100 = \frac{n_1 \cdot h_a - C_c \cdot \frac{\log \frac{p_2}{p_1}}{1 + \varepsilon_1} \cdot h_a}{h_a} \cdot 100$$

$$n_2 = \left(n_1 - C_c \cdot \frac{\log \frac{P_2}{P_1}}{1 + \varepsilon_1} \right) \cdot 100 \qquad (1.140)$$

Die Gl.(1.140) in die Gl.(1.139) eingesetzt, ergibt:

$$\varepsilon_2 = \frac{n_1 - C_c \cdot \dfrac{\log \frac{P_2}{P_1}}{1 + \varepsilon_1}}{1 - n_1 + C_c \cdot \dfrac{\log \frac{P_2}{P_1}}{1 + \varepsilon_1}} \qquad (1.141)$$

Mit $\quad n_1 = \dfrac{\varepsilon_1}{1 + \varepsilon_1} \quad$ ist: $\qquad\qquad\qquad (1.142)$

$$\varepsilon_2 = \frac{\varepsilon_1 - C_c \cdot \log \frac{P_2}{P_1}}{1 + C_c \cdot \log \frac{P_2}{P_1}} \qquad (1.143)$$

Mit den Gl.(1.5) und (1.143) läßt sich die Porenziffer
zu jeder beliebigen Zeit t bestimmen.

Lösung

Nach Gl.(1.143) ist:

$$\varepsilon_2 = \frac{0{,}73 - 0{,}27 \cdot \log \frac{2{,}5}{1{,}1}}{1 + 0{,}27 \cdot \log \frac{2{,}5}{1{,}1}} = \frac{0{,}73 - 0{,}27 \cdot 0{,}355}{1 + 0{,}27 \cdot 0{,}355}$$

$$\varepsilon_2 = 0{,}580$$

Nach 1 3/4 Jahren ist bei einer Entwässerung des Tones
vertikal in beiden Richtungen in der Mitte der Tonschicht:

$$U_z = 0{,}278 \quad \text{(Siehe Aufgabe 15.)}$$

Somit ist die zugehörige Porenziffer nach Gl.(1.5):

$$\varepsilon = \varepsilon_1 - U_z (\varepsilon_1 - \varepsilon_2)$$

$$\varepsilon = 0{,}73 - 0{,}278 \cdot (0{,}73 - 0{,}58) = 0{,}690$$

Wenn die Tonschicht nicht nach unten entwässern kann,
ist der Verfestigungsgrad in der Mitte der Tonschicht nach
1 3/4 Jahren:

$$U_z = 0{,}16 \quad \text{(Siehe Aufgabe 15.)}$$

Somit ist die Porenziffer zu diesem Zeitpunkt in der
Mitte der Tonschicht:

$$\varepsilon = 0{,}73 - 0{,}16 \cdot (0{,}73 - 0{,}58) = 0{,}710$$

Ergebnisse

Anstelle der Gl.(1.105) kann für die vollständige Setzung auch die Gl.(1.126) eingesetzt werden:

$$s = \frac{a}{1 + \varepsilon_1} \cdot h_a \cdot \Delta p \quad (cm)$$

Der Faktor $^2\!/\!\sqrt{\pi}$ ist wegen seiner Nähe zu 1 gleich 1 gesetzt. Damit erhält man als Endporenziffer:

$$\varepsilon_2 = \frac{\varepsilon - a \cdot \Delta p}{1 + a \cdot \Delta p} \qquad (1.144)$$

Setzt man für die Verdichtungsziffer a nach Gl.(1.89):

$$a = \frac{C_c \cdot 0{,}435}{\tfrac{1}{2}(p_1 + p_2)} \qquad \left(\frac{1}{kg/cm^2}\right)$$

so ist:

$$a = \frac{0{,}27 \cdot 0{,}435}{0{,}5 \cdot (2{,}5 + 1{,}1)} = 0{,}0652 \quad \left(\frac{1}{kg/cm^2}\right)$$

und die Endporenziffer ist wieder:

$$\varepsilon_2 = \frac{0{,}73 - 0{,}0652\,(2{,}5 - 1{,}1)}{1 + 0{,}0652\,(2{,}5 - 1{,}1)} = 0{,}580$$

Aufgabe 17   Zusammendrückung bindiger Böden bei Berücksichtigung beliebig veränderlicher Lastzunahme während der Bauarbeiten

Infolge der Bauarbeiten an einem Erdstaudamm erhöht sich die Bodenpressung unter dem Staudamm nach dem in Abb.1.38 dargestellten zeitlichen Verlauf.

In einer Tiefe von 3,40 m unter der Geländeoberfläche befindet sich eine 2,50 m dicke Tonschicht, die nur nach oben entwässern kann. Abb.1.39 zeigt das Druckporenziffer-Diagramm des Tones und Abb.1.40 die Abhängigkeit des Verfestigungsbeiwertes c_v von der Belastung.

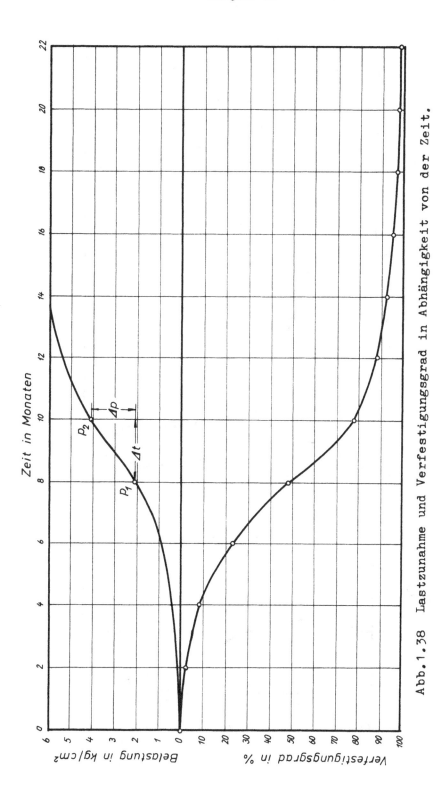

Abb. 1.38 Lastzunahme und Verfestigungsgrad in Abhängigkeit von der Zeit.

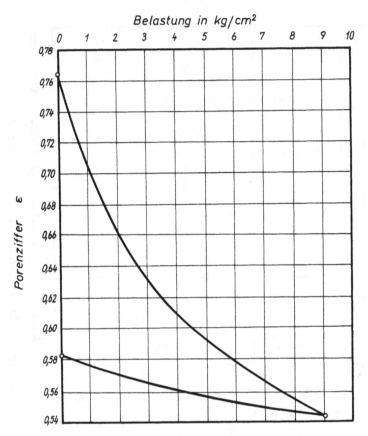

Abb.1.39 Druckporenziffer-Diagramm mit
linearer Einteilung der Belastungsachse.

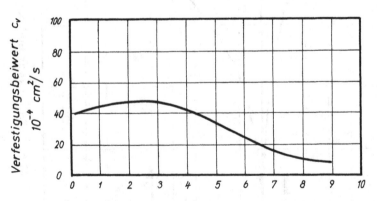

Abb.1.40 Abhängigkeit des Verfestigungsbeiwertes c_V von der Belastung.

Nach Ablauf welcher Zeit hat sich der Ton um 90 % der Gesamtsetzung zusammengedrückt, wenn die Zusammendrückung während der Durchführung der Bauarbeiten berücksichtigt wird?

Grundlagen

Der Verfestigungsgrad ist definiert als das Verhältnis s/s_{max} und wird in Prozent angegeben. Teilt man die Belastungskurve der Abb.1.38 in einzelne Abschnitte mit annähernd konstanter Belastung ein, so läßt sich für jeden dieser Abschnitte die entsprechende Teilsetzung Δs errechnen. Ebenso läßt sich aus der Summe dieser Teilsetzungen während der veränderlichen Belastung und aus der noch verbleibenden Setzung während der abschließenden konstanten Belastung die Gesamtsetzung s_{max} angeben. Somit kann der Verfestigungsgrad auch bei beliebiger veränderlicher Belastungszunahme berechnet werden (BÖLLING 1970). Die Teilsetzung für einen beliebigen Zeitabschnitt ist nach Gl.(1.122):

$$\Delta s = \frac{2}{\gamma_w} \cdot \frac{k \cdot u_a}{\sqrt{\pi \cdot c_v}} \cdot \sqrt{\Delta t}$$

Multipliziert man in der Gl.(1.122) den Zähler und Nenner mit $\sqrt{c_v}$, so ist:

$$\Delta s = \frac{2}{\sqrt{\pi}} \cdot \frac{k}{\gamma_w \cdot c_v} \cdot \sqrt{c_v \cdot \Delta t} \cdot u_a \quad (cm) \quad (1.145)$$

Nach Gl.(1.21) ist:

$$\frac{k}{\gamma_w \cdot c_v} = \frac{a}{1 + \varepsilon_1} \qquad (\varepsilon_1 = \text{Porenziffer am Anfang einer Laststufe})$$

Gl.(1.21) in die Gl.(1.145) eingesetzt, ergibt:

$$\Delta s = \frac{2}{\sqrt{\pi}} \cdot \frac{a}{1 + \varepsilon_1} \cdot \sqrt{c_v \cdot \Delta t} \cdot u_a \quad (cm) \quad (1.146)$$

oder mit
$$T = \frac{c_v \cdot \Delta t}{H^2}$$

$$\Delta s = \frac{2H}{\sqrt{\pi}} \cdot \frac{a}{1 + \varepsilon_1} \cdot \sqrt{T} \cdot u_a \quad (cm) \quad (1.147)$$

Die Summe aller Teilsetzungen bis zu einer bestimmten
Zeit t während der veränderlichen Belastung ist:

$$s = \sum_{p=0}^{p} \Delta s = \frac{2H}{\sqrt{\pi}} \cdot \sum_{p=0}^{p} \frac{a}{1+\varepsilon_1} \cdot \sqrt{T} \cdot u_a \quad (cm) \quad (1.148)$$

Die Gesamtsetzung ist die Summe aller Teilsetzungen während der veränderlichen Belastung und der restlichen Setzung während der konstanten Belastung.

Für die konstante Belastung ist die Gesamtsetzung nach
Gl.(1.126):

$$\Delta s = \frac{2}{\sqrt{\pi}} \cdot \frac{a}{1+\varepsilon_1} \cdot H \cdot u_a \quad (cm) \quad (1.149)$$

Somit ist:

$$s_{max} = \frac{2H}{\sqrt{\pi}} \sum_{p=0}^{p=p_{max}} \frac{a}{1+\varepsilon_1} \cdot \sqrt{T} \cdot u_a + \frac{2H}{\sqrt{\pi}} \cdot \frac{a}{1+\varepsilon_1} \cdot u_a \quad (cm) \quad (1.150)$$

Der Verfestigungsgrad U im Bereich der veränderlichen
Belastung ist also:

$$U = \frac{s}{s_{max}} \cdot 100 = \frac{\displaystyle\sum_{p=0}^{p} \frac{a}{1+\varepsilon_1} \cdot \sqrt{T} \cdot u_a}{\displaystyle\sum_{p=0}^{p=p_{max}} \frac{a}{1+\varepsilon_1} \cdot \sqrt{T} \cdot u_a + \left(\frac{a}{1+\varepsilon_1} + u_a\right)_{p=const}} \cdot 100 \quad (1.151)$$

$U = \frac{\varepsilon_1 - \varepsilon}{\varepsilon_1 - \varepsilon_2} \cdot 100 = \Delta h / \Delta h_{max} \cdot 100$ = Verfestigungsgrad in %

$\qquad\qquad\qquad\qquad\qquad\qquad \varepsilon_1$ = Anfangs-Porenziffer einer
$\qquad\qquad\qquad\qquad\qquad\qquad\qquad\qquad$ Laststufe

$a = - \dfrac{\Delta \varepsilon}{\Delta p}$ $\qquad\qquad$ = Verdichtungsziffer in $1/kg/cm^2$

$\qquad\qquad\qquad u_a$ = Anfangsporenwasserüberdruck
$\qquad\qquad\qquad\qquad\quad$ einer Laststufe in kg/cm^2

Der Boden ist am Ende einer Laststufe im Bereich der
veränderlichen Belastung nur teilweise konsolidiert, es
herrscht also noch ein Porenwasserüberdruck aus der vorangegangenen Laststufe, wenn die neue Laststufe aufgebracht
wird. Daher ist der Porenwasserüberdruck zu Beginn einer
Laststufe:

$$u_a = \Delta p + u_e \quad\quad (kg/cm^2) \quad (1.152)$$

$$\Delta p = p_2 - p_1 \qquad (kg/cm^2)$$

u_e = Mittelwert des Porenwasserüberdruckes am Ende einer
Laststufe in kg/cm². Bei
vollkommener Konsolidierung
ist u_e = 0.

Der Porenwasserüberdruck am Ende einer Laststufe ist
nicht gleichmäßig über die Höhe der Bodenschicht verteilt.
In der weiteren Berechnung wird jedoch zur Vereinfachung
des Rechenganges der Mittelwert dieses Porenwasserüberdruk-
kes eingesetzt. Der Mittelwert des Porenwasserüberdruckes
am Ende einer Laststufe läßt sich aus der Gl.(1.138) bestimmen:

$$\mu = 1 - \frac{u_e}{u_a}$$

$$u_e = u_a \cdot (1 - \mu) \qquad (kg/cm^2) \qquad (1.153)$$

μ = Mittelwert der Verfestigung
nach Abb.1.44. Zur Unterschei-
dung vom Verfestigungsgrad U
wird hier das Symbol μ eingesetzt.

Für die Bestimmung des Mittelwertes der Verfestigung
nach Gl.(1.153) wird der Zeitfaktor:

$$T = \frac{c_v \cdot \Delta t}{H^2}$$

benötigt. In der Bestimmungsgleichung für den Zeitfaktor
ist der Verfestigungsbeiwert c_v enthalten, der mit zunehmender Belastung oder mit abnehmender Porenziffer ebenfalls
veränderlich ist. Es ist zweckmäßig, die Abhängigkeit des
Verfestigungsbeiwertes von der Porenziffer anzugeben, da
die Porenziffer am Ende einer Laststufe schnell ermittelt
werden kann. Nach Gl.(1.144) ist die Porenziffer nach voll-
ständiger Konsolidierung:

$$\varepsilon_2 = \frac{\varepsilon_1 - a \cdot \Delta p}{1 + a \cdot \Delta p} \qquad (1.154)$$

Am Ende einer Laststufe, also bei Teilkonsolidierung, ist der Mittelwert der Porenziffer:

$$\varepsilon = \varepsilon_1 - \mu \cdot (\varepsilon_1 - \varepsilon_2) \qquad (1.155)$$

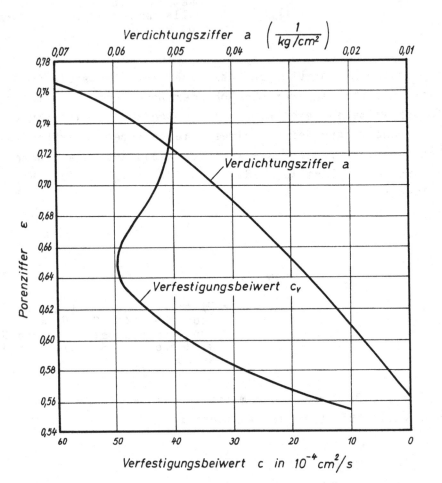

Abb.1.41 Abhängigkeit der Verdichtungsziffer a und des Verfestigungsbeiwertes c_v von der Porenziffer ε.

Abb.1.41 zeigt die Abhängigkeit des Verfestigungsbeiwertes c_v und der Verdichtungsziffer a von der Porenziffer. Beide Funktionen können aus dem Druckporenzifferdiagramm und aus der Abhängigkeit des Verfestigungsbeiwertes von der Belastung konstruiert werden. In der Tab.1.6 ist für die Ermittlung des Verfestigungsbeiwertes und der Verdichtungsziffer jeder einzelnen Laststufe die Porenziffer am Anfang der Laststufe zugrunde gelegt.

Mit der Gl.(1.151) läßt sich der Verfestigungsgrad U bei veränderlicher Belastung errechnen. Die Berechnung ist in der Tab. 1.6 schrittweise durchgeführt.

Im Bereich der konstanten Belastung lautet die Gleichung für den Verfestigungsgrad:

$$U = \frac{\sum_{p=0}^{p=p_{max}} \frac{a}{1+\varepsilon_1} \cdot \sqrt{T} \cdot u_a + \left(\frac{a}{1+\varepsilon_1} \cdot \sqrt{T} \cdot u_a\right)_{p=const}}{\sum_{p=0}^{p=p_{max}} \frac{a}{1+\varepsilon_1} \cdot \sqrt{T} \cdot u_a + \left(\frac{a}{1+\varepsilon_1} \cdot u_a\right)_{p=const}} \cdot 100 \quad (\%) \quad (1.156)$$

Gl.(1.156) kann in vereinfachter Form geschrieben werden:

$$U = \frac{A + \left(B \cdot \sqrt{T} \cdot u_a\right)_{p=const}}{A + \left(B \cdot u_a\right)_{p=const}} \cdot 100 \quad (\%) \quad (1.157)$$

A und B sind für den Bereich konstanter Belastung konstant.

$$A = \sum_{p=0}^{p=p_{max}} \frac{a}{1+\varepsilon_1} \cdot \sqrt{T} \cdot u_a \quad = \text{ konstanter Wert am Ende der ver-}$$
änderlichen Belastung.(Tab.1.6, Spalte 9)

$$B = \frac{a}{1+\varepsilon_1} \quad = \text{ konstanter Wert im Bereich der}$$
konstanten Belastung. (Tab.1.6, Spalte 8)

Die zeitliche Änderung des Verfestigungsgrades U im Bereich der konstanten Belastung ist ebenfalls in Tab.1.6 berechnet.

Die zeitliche Änderung des Verfestigungsgrades U für veränderliche und konstante Belastung ist in Abb.1.38 dargestellt.

Nach 12 Monaten hat der Ton 90 % seiner endgültigen Zusammendrückung erreicht.

Ergebnisse

Die Ableitung der hier behandelten Gleichungen erfolgte unter der Annahme, daß der Boden nur in einer Richtung ver-

t Monate	Δt Monate	ε_1 Abb.1.39	p_2 Abb.1.38 kg/cm^2	p_1 Abb.1.38 kg/cm^2	$\Delta p = p_2-p_1$ kg/cm^2	a Abb.1.41 $10^{-3} kg/cm^2$	$\dfrac{a}{1+\varepsilon_1}$ $10^{-3} kg/cm^2$	$\varepsilon_2 = \dfrac{\varepsilon_1-a\Delta p}{1+a\Delta p}$	c Abb.1.41 $10^{-4} cm^2/s$
1	2	3	4	5	6	7	8	9	10
					Veränderliche Belastung				
2	2	0,762	0,10	0	0,10	68	38,6	0,750	40
4	2	0,754	0,30	0,10	0,20	63	35,9	0,732	40
6	2	0,740	0,90	0,30	0,60	56	32,2	0,683	41
8	2	0,703	2,10	0,90	1,20	43	25,2	0,619	42
10	2	0,648	4,10	2,10	2,00	29	17,6	0,558	49
12	2	0,585	5,50	4,10	1,40	15	9,5	0,552	31
					Konstante Belastung				
14	2	0,567	6,00	5,50	0,50	11	7,02	----	20
16	4								
18	6								
20	8								
22	10								
24	12								

Tabelle 1.6 a Ermittlung des Verfestigungsgrades U bei beliebig veränderlicher Lastzunahme.

$\sqrt{c_i\cdot\Delta t}$	$\sqrt{T}=\frac{\sqrt{c_i\cdot\Delta t}}{H}$	T	μ Abb.1.44	$\varepsilon=z_i'\cdot\mu\cdot(z_i-z_i')$	$u_a=\Delta p+u_e$	$u_e=u_d(1-\mu)$	$\frac{z_i+l}{D}\sqrt{T}\cdot u_a$	$\sum\frac{z_i+l}{D}\sqrt{T}\cdot u_a$	$U=\frac{s}{s_{max}}\cdot100$
cm	—	—	—	—	kg/cm²	kg/cm²	10^{-3}	10^{-3}	%
11	12	13	14	15	16	17	18	19	20
					Veränderliche Belastung				
144	0,577	0,33	0,63	0,754	0,10	0,04	2,23	2,23	2,47
144	0,577	0,33	0,63	0,740	0,24	0,09	4,97	7,20	7,96
146	0,584	0,34	0,64	0,703	0,69	0,25	13,00	20,20	22,33
148	0,592	0,35	0,65	0,648	1,45	0,51	21,63	41,83	46,23
159	0,636	0,41	0,70	0,585	2,51	0,75	28,09	69,92	77,28
127	0,508	0,26	0,56	0,567	2,15	0,95	10,38	80,30	88,75
					Konstante Belastung				
102	0,408				1,45		4,15	84,45	93,34
144	0,576				1,45		5,86	86,16	95,23
177	0,708				1,45		7,21	87,51	96,72
204	0,816				1,45		8,31	88,61	97,93
228	0,912				1,45		9,28	89,58	99,00
250	1,000				1,45		10,18	90,48	100,00

$A = 80,30\cdot10^{-3}$ $B = 7,02\cdot10^{-3}$ $A+B\cdot u_a = 80,30\cdot10^{-3} + 7,02\cdot1,45\cdot10^{-3} = 90,48\cdot10^{-3}$

Tabelle 1.6 b   Ermittlung des Verfestigungsgrades U bei beliebig veränderlicher Lastzunahme.

tikal entwässern kann. In der Natur tritt jedoch häufig
auch der Fall auf, daß der Boden sowohl nach oben als auch
nach unten entwässern kann. Die abgeleiteten Gleichungen
behalten jedoch auch für diesen Fall ihre Gültigkeit, wenn
man die Setzungen für die halbe Schichtdicke berechnet,
denn die halbe Schicht entwässert ebenfalls nur vertikal in
einer Richtung. Man erhält somit auch nur die halbe Setzung.
Für die gesamte Setzung müssen daher die Gl.(1.145)bis
(1.150) mit zwei multipliziert werden, und es muß darauf ge-
achtet werden, daß für die Berechnung des Zeitfaktors T und
des Verfestigungsbeiwertes c_v die halbe Schichtdicke eingesetzt wird.

Abschließend sei noch die Frage erörtert, ob sich bei
der Berücksichtigung der veränderlichen Lastzunahme ein
wesentlich anderes Setzungsmaß ergibt als bei der Annahme,
daß die Gesamtlast zur Zeit t = 0 wirksam wird. Bei Berücksichtigung der veränderlichen Lastzunahme ist die Gesamtzusammendrückung nach Gl.(1.150):

$$s_{max} = \frac{2H}{\sqrt{\pi}} \cdot 10^{-3} \cdot (80,30 + 10,18) \ (cm)$$

Der Faktor $2/\sqrt{\pi}$ wird wegen seiner Nähe zu 1 gleich 1
gesetzt.

$$s_{max} = 0,25 \cdot 90,48 \cong 23 \ cm$$

Bei Annahme einer Totallast zur Zeit t = 0 ist die Gesamtzusammendrückung nach Gl.(1.149):

$$s_{max} = \frac{a}{1 + \varepsilon_0} \cdot H \cdot u_a \qquad (cm)$$

$$s_{max} = \frac{a}{1 + \varepsilon_0} \cdot H \cdot \Delta p \qquad (cm)$$

Mit einer mittleren Verdichtungsziffer a = 0,025 ist
nach Gl.(1.149): $s_{max} = 22 \ cm.$

Die Berechnung der Setzung nach Gl.(1.146) wird stark
von der Wahl der Verdichtungsziffer beeinflußt. Man wird im
allgemeinen gute Ergebnisse erzielen, wenn man die Verdichtungsziffer für eine Belastung von $0,5 \cdot \Delta p$ zugrunde
legt.

Das Verfahren läßt sich auch bei Setzungsberechnungen
von Einzelfundamenten, also bei mit der Tiefe veränderlichen Bodenpressungen, anwenden. In der bekannten Weise wird
der Boden unter dem Fundament in Teilschichten eingeteilt,
für die die Bodenpressung mit der Tiefe konstant angenommen
wird. Die tabellarische Rechnung nach den hier abgeleiteten
Gleichungen ist dann für jede Teilschicht durchzuführen.

Ist eine Bodenschicht nicht wassergesättigt, so ist die
für Wassersättigung berechnete Setzung mit dem Faktor ω
[Gl. (1.62)] abzumindern.

Die verwendeten Gleichungen lassen sich programmieren
und mit Hilfe eines Computers lösen. Dieser Weg ist dann
von großem Vorteil, wenn die Bodenpressungen mit der Tiefe
veränderlich sind und die numerische Lösung sehr umfangreiche Rechenoperationen erfordern würde.

1.2 Berechnungstafeln und Zahlenwerte

Ort	Bodenart	C_c-Wert	Verfestigungs-beiwert c_v in $10^{-4} cm^2/s$
Mexico City	Ton (Vulkanischer Ursprung. Haupt-sächlich Mont-morillonit).....	4,5	0,2 - 2,5
Boston	Blauer Ton (Meeres-ablagerungen. Hauptsächlich Illit)..........	0,22	10 - 20
Morganza	Ton (Flußablagerun-gen.Hauptsäch-lich Illit).....	0,44	0,5 - 1,0
Neufundland	Torf...............	8,5	0,2 - 3,0
Maine	Ton, schluffig	0,5	20 - 40

Tabelle 1.7 Verfestigungsbeiwerte c_v und C_c-Werte
verschiedener Böden (LAMBE 1951).

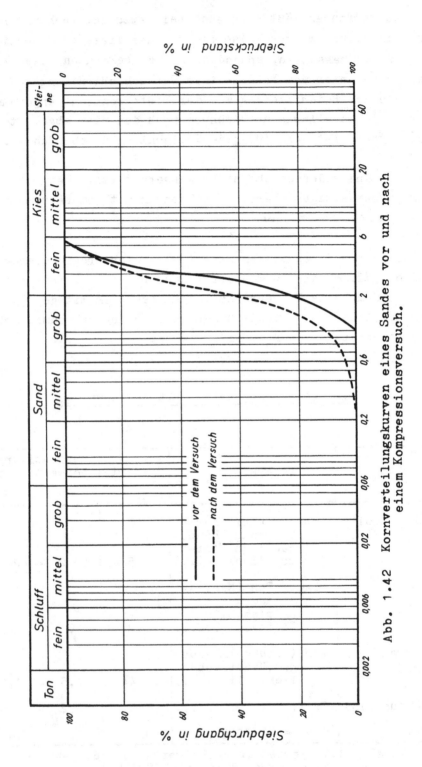

Abb. 1.42 Kornverteilungskurven eines Sandes vor und nach einem Kompressionsversuch.

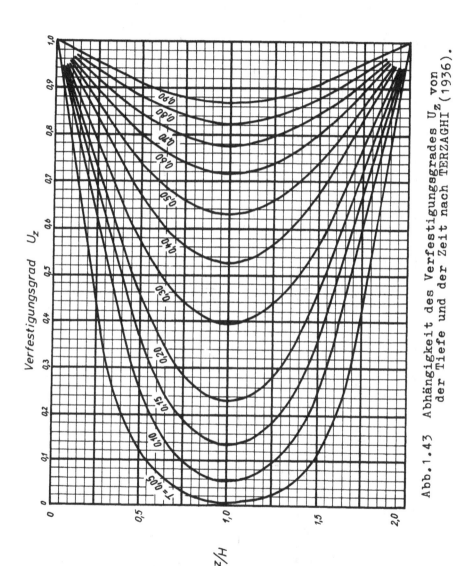

Abb.1.43 Abhängigkeit des Verfestigungsgrades U_z von der Tiefe und der Zeit nach TERZAGHI (1936).

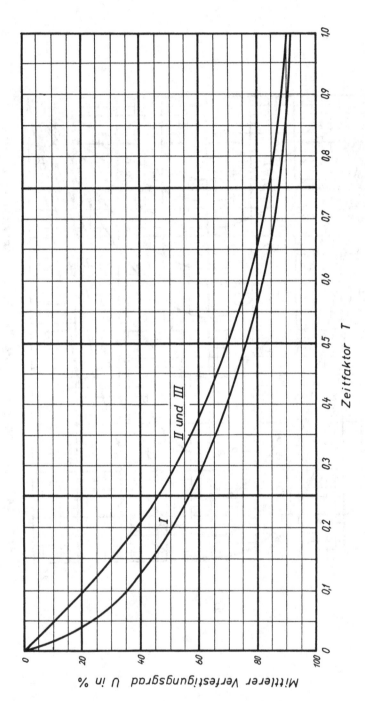

Abb.1.44 Abhängigkeit des mittleren Verfestigungsgrades U vom
Zeitfaktor T (TERZAGHI 1936).

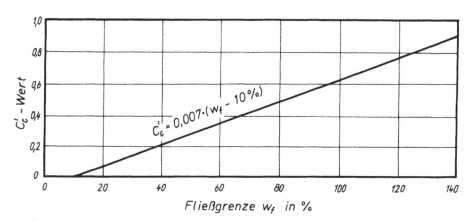

Abb.1.45 Abhängigkeit des C_c'-Wertes gestörter
Bodenproben von der Fließgrenze
(TERZAGHI 1948).

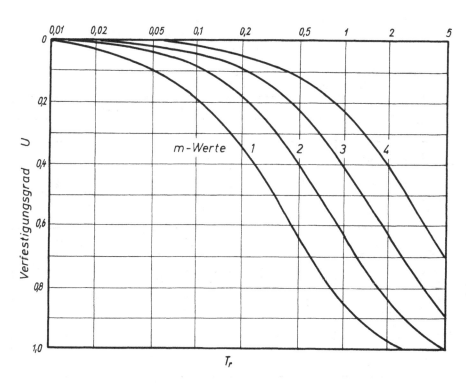

Abb.1.46 Abhängigkeit des Verfestigungsgrades U
vom Zeitfaktor T_r für radiale
Entwässerung (SCOTT 1963).

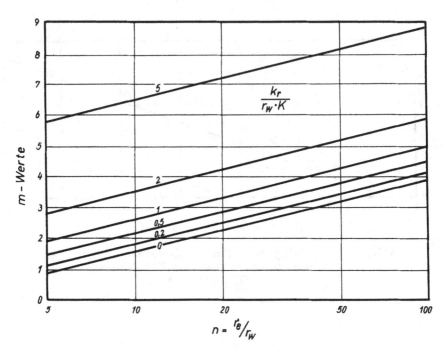

Abb.1.47   m-Werte zur Bestimmung des Verfestigungsgrades bei radialer Entwässe-
rung (SCOTT 1963).

Tabelle 1.8   Steifeziffern in kg/cm^2 der hauptsächlichen Bodenarten (KEZDI 1959).

Bodenart	Lagerungszustand		
	locker	mittel	dicht
Körnige Böden			
Sandiger Kies..	300 - 800	800 - 1000	1000 - 2000
Sand...........	100 - 300	300 - 500	500 - 800
Feinsand.......	80 - 120	120 - 200	200 - 300
Bindige Böden	weich	bildsam	hart
Grober Schluff.	50 - 80	100 - 150	200 - 400
Schluff........	30 - 60	60 - 100	150 - 300
Magerer Ton....	20 - 50	50 - 80	120 - 200
Fetter Ton.....	15 - 40	40 - 70	120 - 300
Organischer Schluff........	----	5 - 50	----
Organischer Ton	----	5 - 40	----
Torf...........	----	1 - 20	----

1.3 Literatur

TERZAGHI (1925) Erdbaumechanik auf bodenmechanischer
   Grundlage. Leipzig-Wien.

TERZAGHI/FRÖHLICH (1936) Theorie der Setzung von Tonschichten. Leipzig-Wien.

CASAGRANDE (1936) The determination of preconsolidation
   load and its practical significance. Proc. I.Int.Conf.
   Soil Mech.Found.Eng.Cambridge,Mass., Bd.III, S.60.

HAEFELI (1938) Mechanische Eigenschaften von Lockergestei-
   nen. Erdbaukurs der ETH Zürich, Bericht 5.

OHDE (1939) Zur Theorie der Druckverteilung im Baugrund.
   Bauingenieur 20, S.451.

PETERMANN (1939) Zur Setzungstheorie für zusammendrückbare
   Böden. Bauingenieur 20, S.69.

CASAGRANDE/FADUM (1940) Notes on soil testing for engineering purposes. Harvard Univ.Soil Mech.Series No.8.

BENDEL (1941) Die Steifezahl des Bodens. Deutsche Wasserwirtschaft 36, S.239.

FADUM (1941) Observations and analysis of building settle-
   ments in Boston. Doctor of Science thesis. Graduate
   School of Engineering, Harvard University.

BIOT/CLINGAN (1941) Consolidation settlement of a soil
   with an impervious top surface. Jour.App.Phys.12, S.578.

TAYLOR (1942) Research on consolidation of clays. M.I.T.
   Dept. of Civil and San.Eng.Ser.82, Aug. 1942.

RUTLEDGE (1944) Relation of undisturbed sampling to laboratory testing. Trans.Am.Soc.Civ.Eng. 109, Paper 2229,
   S. 1155.

SKEMPTON (1944) Notes on the compressibility of clays.
   Quart.J.Geol.Soc.London, Vol.C, S.119-135.

KOLLBRUNNER (1946) Fundation und Konsolidation. Zürich,
   Bd.I, S.257.

FLORIN (1947) Probleme der Konsolidierung von Böden.
   (Russisch.) Veröffentlichungen des wissensch. For-
   schungsinst. für Hydrotechnik USSR, 34, S.133.

BARRON (1948) Consolidation of fine-grained soils by
   drain-wells. Trans.ASCE 113, S.718.

TAYLOR (1948) Fundamentals of soil mechanics. Wiley & Sons
   New York, Kap. 10.

VAN ZELST (1948) An investigation of factors affecting
    laboratory consolidation of clay. Proc. II. Int.Conf.
    Soil Mech.Found.Eng. Rotterdam, Vol. VII, S. 52.

HAEFELI/SCHAAD (1948) Time effect in connection with con-
    solidation tests. Proc.II.Int.Conf.Soil Mech.Found.
    Eng. Rotterdam, Vol.III, S.23.

KOPPEJAN (1948) A formula combining the Terzaghi load-
    compression relationship and the Buisman secular time
    effect. Proc.II.Int.Conf.Soil Mech.Found.Eng. Rotterdam,
    Vol.III, S.32.

OHDE (1949) Vorbelastung und Vorspannung des Baugrundes
    und ihr Einfluß auf Setzung, Festigkeit und Gleitwider-
    stand. Bautechnik 26, S.129 und 163.

HVORSLEV (1949) Subsurface exploration and sampling of
    soils for civil engineering purposes. Waterways Experi-
    ment Station Vicksburg.

JELINEK (1949) Die Zusammendrückbarkeit des Baugrundes.
    Straßen- und Tiefbau 3, S.103.

HAEFELI (1951) Die Zusammendrückbarkeit der Böden. Mitt.
    Versuchsanstalt Wasserbau und Erdbau ETH Zürich, Nr.19.

BURMISTER (1952) The application of controlled test
    methods in consolidation testing. Symposium on consoli-
    dation testing of soils. ASTM Special Techn.Publ.
    No. 126.

LAMBE (1951) Soil testing for engineers. Wiley & Sons
    New York, S.74.

SCHMERTMANN (1953) Estimating the tone consolidation be-
    haviour of clay from laboratory test results. Proc.
    ASCE 79, Separate 311.

GIBBS (1953) Estimating foundation settlement by one-
    dimensional consolidation tests. Bureau of Reclamation,
    Engineering Monographs No. 13.

TERZAGHI/JELINEK (1954) Theoretische Bodenmechanik.
    Springer-Verlag Berlin-Göttingen-Heidelberg.

LEUSSINK (1954) Die Genauigkeit von Setzungsberechnungen.
    Vorträge der Baugrundtagung Hannover, S.23.

NORTHEY (1955) Rapid consolidation tests for routine in-
    vestigations. New Zealand Engineering 10, S.407.

KJELLMAN/JAKOBSON (1955) Some relations between stress and
    strain in coarse-grained cohesionless materials. Proc.
    Swed.Geot.Inst.Nr.9.

ZEEVAERT (1957) Consolidation of Mexico City volcanic
    clay. ASTM Spec.Techn.Publ. 232.

MURAYAMA/SHIBATA (1958) On the secondary consolidation of clay. Proc.II.Japan.Congr.Test.Mat.Non Metallic Materials Kyoto, S.178.

DIN 4016 (Entwurf 1958): Baugrund-Untersuchung von Bodenproben-Richtlinien für die Bestimmung der Zusammendrückbarkeit.

MUHS (1959) Neuere Entwicklung der Untersuchung und Berechnung von Flachfundationen. Schweiz. Bauzeitg. 77, S.265 und 293.

KEZDI (1959) Bodenmechanik. Budapest.

CARSLAW/JAEGER (1959) Conduction of heat in solids. Oxford University Press New York.

RICHART (1959) Review of the theories for sand drains. Trans. ASCE 124, S.709.

ABBOTT (1960) One-dimensional consolidation of multi-layered soils. Géotechnique 10, S.151.

McNABB (1960) A mathematical treatment of one-dimensional soil consolidation. Quart.App.Math.17, S.337.

SCOTT (1961) New method of consolidation coefficient evaluation. Proc. ASCE, Feb. 1961.

CHAPLIN (1961) Compressibility of sands and settlement of model footings and piles in sand. Proc. V. Int.Conf. Soil Mech.Found.Eng. Paris, Vol.II, S.33, und Bauingenieur 38 (1963), S.408.

NEUBER (1961) Setzungen von Bauwerken und ihre Vorhersage. Berichte aus der Bauforschung H. 19.

SCHULTZE (1962) Probleme der Auswertung von Setzungsmessungen. Vorträge der Baugrundtagung Essen, S. 343.

SCOTT (1963) Principles of soil mechanics. Addison-Wesley Publishing Co. Reading, Massachusetts, S.162.

JANBU (1963) Soil compressibility as determined by oedometer and triaxial tests. Proc. Europ.Baugrundtagung Wiesbaden, Bd.I, S.19. Auszüge in Bauingenieur 39 (1964), S.246.

KERISEL (1963) Nécessite de rapporter les tassements au rayon moyen de la surface chargée et les pressions appliquées aux pressions limites. Proc. Europ. Baugrundtagung Wiesbaden, Bd.I, S.83.

BRETH/BACK (1963) Über die Setzungen von Bauwerken auf Ton. Proc. Europ. Baugrundtagung Wiesbaden, Bd.I, S.101.

SCHIFFMANN/LADD/CHEN (1964) The secondary consolidation of clay. Rensselaer Polytechnic Institute. Troy, New York.

BRINCH HANSEN/ TADASHI/MISE (1966) An empirical evaluation of consolidation tests with Little Belt clay. Dan.Geot. Inst.Bull.No.17.

SCHULTZE/MUHS (1967) Bodenuntersuchungen für Ingenieurbauten, 2. Aufl. Springer-Verlag Berlin-Heidelberg-New York.

BÖLLING (1970) Zusammendrückung bindiger Böden bei Berücksichtigung beliebig veränderlicher Lastzunahme. Der Bauingenieur 9, S.313.

2. Scherfestigkeit kohäsionsloser Böden

2.1 Aufgaben

Aufgabe 18 Reibung zwischen festen Körpern

Abb.2.1 zeigt eine schiefe Ebene, auf der ein fester Körper von 2,0 t Gewicht gelagert ist. Eine Kraft von P = 1,0 t wirkt in der dargestellten Weise auf den Körper. Der Reibungswinkel zwischen dem festen Körper und der schiefen Ebene beträgt $\varrho = 30^{\circ}$.

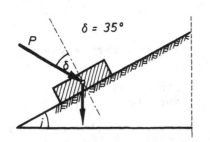

Abb.2.1 Gleiten auf schiefer Ebene.

Bei welcher Neigung der schiefen Ebene beginnt der feste Körper zu gleiten?

Grundlagen

Um den in Abb.2.2 dargestellten Körper, der mit einer vertikalen Kraft V auf eine Unterlage gedrückt wird, horizontal zu verschieben, ist eine Kraft H von ganz bestimmter Größe erforderlich.

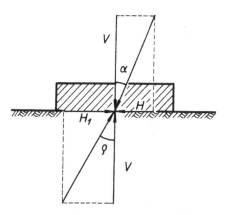

Wenn H_1 die Kraft darstellt,
unter der der Körper horizontal zu gleiten beginnt, so
ergeben die vertikale Kraft V
und die horizontale Kraft H_1
eine Resultierende, die unter
dem Winkel ϱ zur Vertikalen
geneigt ist. Der Winkel ϱ
wird der Reibungswinkel fester Körper genannt:

Abb.2.2 Reibungswin-
      kel fester Körper.

$$tg\,\varrho = \frac{H_1}{V} \qquad (2.1)$$

Solange also die horizontale Kraft H kleiner ist als H_1,
kann kein Gleiten einsetzen. Die Bedingung für das Gleiten
lautet daher:

$$tg\,\alpha \gtreqless tg\,\varrho \qquad (2.2)$$

Der Reibungswinkel ϱ ist für feste Körper eine Konstante,
somit hängt die Größe der horizontalen Kraft nur von der
Größe der wirkenden vertikalen Kraft ab. Sie muß um so größer werden, je größer die vertikale Belastung V ist.

Um die Neigung der schiefen Ebene in Abb.2.1 zu bestimmen, bei der der dargestellte Körper zu gleiten beginnt,
müssen also die normalen und die tangentialen Kräfte auf
der schiefen Ebene bestimmt werden. Normal zur schiefen
Ebene wirken die Kräfte:

$$G \cdot \cos i + P \cdot \cos \delta \qquad (t) \qquad (2.3)$$

Tangential zur schiefen Ebene wirken die Kräfte:

$$G \cdot \sin i - P \cdot \sin \delta \qquad (t) \qquad (2.4)$$

Die Bedingung für das Gleiten ist nach Gl.(2.2):

$$tg\,\alpha = tg\,\varrho = \frac{G \cdot \sin i - P \cdot \sin \delta}{G \cdot \cos i + P \cdot \cos \delta} \qquad (2.5)$$

Aus der Gl.(2.5) läßt sich der Winkel i berechnen, bei
dem der Körper auf der schiefen Ebene zu gleiten beginnt.

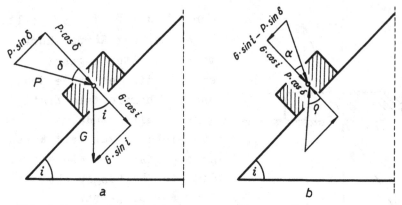

Abb.2.3   Zerlegung der angreifenden Kräfte in Normal-
kräfte und Tangentialkräfte.

Lösung

Der Neigungswinkel i läßt sich am schnellsten finden,
indem man die Abhängigkeit des tg α vom Neigungswinkel i
graphisch darstellt und für tg 30° = 0,577 den zugehörigen
Winkel i abliest. Es ist:

$$P \sin \delta = 0,574 \quad t$$
$$P \cos \delta = 0,819 \quad t$$

Tabelle 2.1   Bestimmung der Werte tg α in Abhängigkeit vom Winkel i nach Gl.(2.5). G = 2 t.

i	G·sin i	G·cos i	G·sin i − 0,574	G·sin i + 0,819	tg α
0	0	2,000	− 0,574	2,819	− 0,204
10	0,348	1,969	− 0,226	2,788	− 0,081
15	0,518	1,932	− 0,056	2,751	− 0,020
20	0,684	1,897	+ 0,110	2,698	+ 0,041
25	0,845	1,813	+ 0,271	2,632	+ 0,103
30	1,000	1,732	+ 0,426	2,551	+ 0,167
35	1,147	1,638	+ 0,573	2,457	+ 0,233
40	1,286	1,532	+ 0,712	2,351	+ 0,303
45	1,414	1,414	+ 0,840	2,233	+ 0,376
50	1,532	1,286	+ 0,958	2,105	+ 0,455
55	1,638	1,147	+ 1,064	1,966	+ 0,541
60	1,732	1,000	+ 1,158	1,819	+ 0,637

Die Ergebnisse der tabellarischen Berechnung sind in
Abb. 2.4 graphisch ausgewertet. Der Abb.2.4 entnimmt man,
daß der Körper zu gleiten beginnt, wenn der Winkel i = 57°
beträgt.

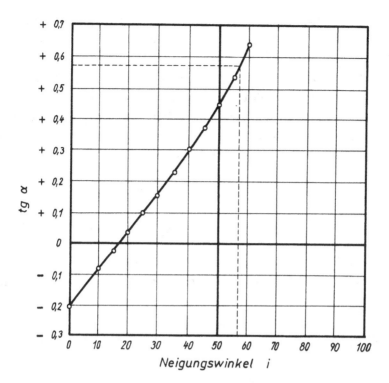

Abb.2.4   Abhängigkeit des tg α vom Nei-
          gungswinkel i.

Aufgabe 19   Mohrscher Spannungskreis

In einer gewissen Tiefe unter einer horizontalen Geländeoberfläche herrscht in einer Schicht kiesigen Sandes eine
Bodenpressung von 8,5 t/m². Ein Bodenelement in dieser Tiefe wird außerdem allseitig horizontal mit einem Druck von
4,0 t/m² belastet.

Zeichne den Mohrschen Spannungskreis.

Wie groß sind die Normalspannungen und Scherspannungen
auf den Ebenen, die mit der Spannungsebene der größeren
Hauptspannung einen Winkel von 20°, 45° und 60° bilden?

Grundlagen

Infolge des Eigengewichtes der Böden oder äußerer Kräfte

werden im Inneren des Bodens Spannungen erzeugt. Da die
Spannungen das Verhältnis der Normalkomponente oder der
Tangentialkomponente einer Kraft zur Fläche sind, ist die
Neigung dieser Fläche zur angreifenden Kraft ausschlagge-
bend für die Größe der Normalspannung σ und der Scherspan-
nung τ . Abb.2.5 zeigt einen Punkt P unter der Geländeober-
fläche, in dem eine vertikale Spannung σ_1 angreift. Wenn mit
F die Fläche der geneigten Ebene bezeichnet wird, so ist:

$$\sigma \cdot F = \sigma_1 \cdot F \cdot \cos^2\theta \quad ; \quad \sigma = \sigma_1 \cdot \cos^2\theta \qquad (2.6)$$

$$\tau \cdot F = \sigma_1 \cdot F \cdot \cos\theta \cdot \sin\theta \quad ; \quad \tau = \sigma_1 \cdot \cos\theta \cdot \sin\theta \qquad (2.7)$$

Die Gl.(2.6) und (2.7) ergeben sich aus der Forderung,
daß die Kräfte auf das Bodenelement im Gleichgewicht stehen
müssen.

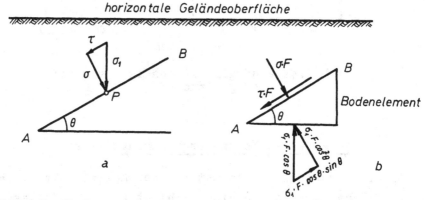

Abb.2.5   Normalspannungen und Scherspannungen auf einer
          geneigten Ebene.

Wenn der Winkel θ gleich Null wird, so ist unter der
Voraussetzung einer horizontalen Geländeoberfläche die
Scherspannung ebenfalls gleich Null, und es herrscht auf der
horizontalen Ebene durch den Punkt P nur die Normalspannung
σ .

Für alle Ebenen, auf denen keine Scherspannungen auftreten, werden die Normalspannungen als Hauptspannungen bezeichnet.

Bei elastischen Körpern, und zu denen können vereinfa-

chend die Böden gezählt werden, tritt infolge der Hauptspannung σ_1 (Abb.2.6) eine Verformung in der x-Richtung, in
der y-Richtung und normal zur Zeichenebene in der z-Richtung auf.

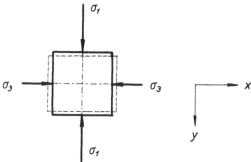

Abb. 2.6   Hauptspannungen auf ein Bodenelement.

Wenn in der x-Richtung eine genügend große Spannung σ_3
und in der z-Richtung eine genügend große Spannung σ_2 aufgebracht wird, so kann die Verformung in diesen Richtungen
verhindert werden. Bei den Böden ist unterhalb der Grund-
bruchlast die Formänderung gewöhnlich sehr stark behindert
oder oft ganz ausgeschlossen, so daß also weitere Normalspannungen σ_2 und σ_3 vorhanden sein müssen.

Im Falle einer horizontalen Geländeoberfläche sind infolge des Eigengewichtes des Bodens die Normalspannungen
σ_2 und σ_3 ebenfalls Hauptspannungen, denn auf den Ebenen,
auf die sie wirken, treten ebenfalls keine Scherspannungen
auf.

σ_1 wird als größere Hauptspannung, σ_2 wird als mittlere
Hauptspannung und σ_3 als kleinere Hauptspannung bezeichnet.
Es ist:

$$\sigma_1 \gtreqless \sigma_2 \gtreqless \sigma_3 \qquad (kg/cm^2) \qquad (2.8)$$

Die Ebenen, auf denen die Hauptspannungen wirken, werden
Hauptspannungsebenen genannt.

Aus der Abb. 2.7 lassen sich die Größe der Normalspannung σ und der Scherspannung τ bestimmen, die auf einer
Ebene unter dem Winkel θ zur Ebene der größeren Hauptspan-

nung wirken. Geht man davon aus, daß das Bodenelement normal zur Zeichenebene eine konstante Dicke hat, und ist die
Fläche zwischen den Punkten A und B in der Abb.2.7 mit F
bezeichnet, so wirken auf das Bodenelement die in der Ab-
bildung dargestellten Kräfte.

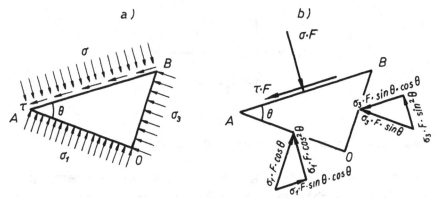

Abb. 2.7   Bodenelement mit angreifenden Kräften und
           Spannungen.

Aus der Bedingung, daß alle Kräfte normal zur Seite AB
oder tangential zur Seite AB im Gleichgewicht sein müssen,
erhält man:

$$\sigma = \sigma_1 \cdot \cos^2 \theta + \sigma_3 \cdot \sin^2 \theta \qquad\qquad (2.9)$$

$$\tau = (\sigma_1 - \sigma_3) \cdot \sin \theta \cdot \cos \theta \qquad\qquad (2.10)$$

Die Gl.(2.9) und(2.10) können nach MOHR (1882) graphisch
dargestellt werden. Trägt man in einem rechtwinkligen Koordinatensystem die Normalspannung als Abszisse und die Scherspannung als Ordinate auf, so ist der geometrische Ort aller Punkte für verschiedene Werte von θ ein Kreis (Abb.2.8).
Dieser Kreis wird Mohrscher Spannungskreis genannt.

Der Mittelpunkt des Mohrschen Spannungskreises liegt auf
der σ-Achse. Der Kreis schneidet die σ-Achse in den Punkten σ_3 und σ_1. Ein beliebiger Punkt des Kreises gibt die
Normalspannung σ und die Scherspannung τ auf einer bestimmten Ebene an. Die Lage der Ebene kann dem Mohrschen Spannungskreis ebenfalls entnommen werden (Abb.2.9). Durch den
Punkt D (Abb.2.9) zieht man eine Parallele zur Linie AO,

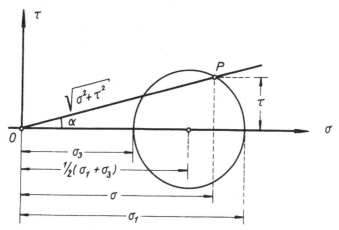

Abb. 2.8 Mohrscher Spannungskreis.

d.h. also zur Ebene der größeren Hauptspannung σ_1 . Eine weitere Linie $O_S E$ durch den Punkt E muß senkrecht auf der Linie $O_S D$ stehen. Die Linie $O_S E$ verläuft parallel zur Haupt-
spannungsebene OB.

Der Schnittpunkt D der Linie $O_S D$ mit der σ -Achse gibt
die größere Hauptspannung und der Schnittpunkt E der Linie
$O_S E$ mit der σ -Achse die kleinere Hauptspannung an. Es
gilt ganz allgemein das Gesetz, daß jede beliebige Linie
durch den Ursprung der Ebenen O_S parallel zu einer gewählten Ebene im Halbraum den Mohrschen Spannungskreis in einem
Punkt schneidet, dessen Koordinaten die Normalspannung σ und
die Scherspannung τ auf dieser Ebene angeben.

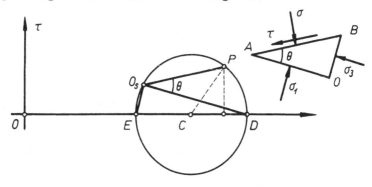

Abb. 2.9   Bestimmung der Lage der Spannungsebenen
        für die Spannungen σ und τ

Wenn die Ebene der größeren Hauptspannung horizontal verläuft, wie es bei Bodenpressungen aus dem Eigengewicht eines Bodens mit horizontaler Oberfläche der Fall ist, so
liegt der Ursprung der Ebenen O_S auf der σ -Achse.

Mit den Gl.(2.9) und (2.10) sowie dem Mohrschen Spannungskreis lassen sich die Normalspannungen und Scherspannungen auf den gesuchten Ebenen angeben.

Lösung

Zur Lösung wird der Mohrsche Spannungskreis für die gegebenen Spannungen gezeichnet (Abb.2.10). Die vertikale Bodenpressung und der horizontale Druck sind Hauptspannungen.

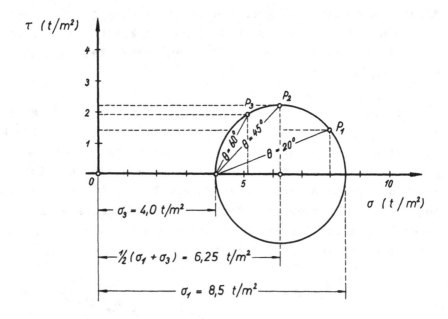

Abb. 2.10 Mohrscher Spannungskreis für die Spannungen
der Aufgabe 19.

Aus dem Mohrschen Spannungskreis (Abb.2.10) liest man
ab:

Bei $\theta = 20°$ ist $\sigma = 8,0$ t/m^2 , $\tau = 1,45$ t/m^2 ,
Bei $\theta = 45°$ ist $\sigma = 6,25$ t/m^2, $\tau = 2,25$ t/m^2 ,
Bei $\theta = 60°$ ist $\sigma = 5,15$ t/m^2, $\tau = 1,95$ t/m^2 .

Aufgabe 20　Reibungswinkel und Reibungswiderstand

Eine Sandprobe befindet sich im Bruchzustand, wenn die größere Hauptspannung 50 t/m^2 und die kleinere Hauptspannung 15 t/m^2 beträgt.

Wie groß sind die Normalspannung und Scherspannung in der Ebene der maximalen Scherspannung?

Bei welcher Neigung der Spannungsebene wird der Reibungswiderstand des Bodens überschritten?

Grundlagen

Die Größe der maximalen Scherspannung und die Lage der Ebene, auf der sie wirkt, lassen sich ebenfalls dem Mohrschen Spannungskreis entnehmen.

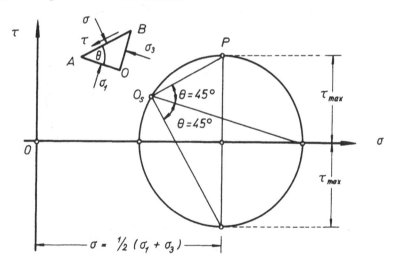

Abb.2.11　Mohrscher Spannungskreis für die maximalen Scherspannungen.

In Abb.2.11 ist sofort zu erkennen, daß die Scherspannung ihren maximalen Wert erreicht, wenn die Abszisse eines Punktes auf dem Mohrschen Spannungskreis gleich ist:

$$\sigma = \tfrac{1}{2}(\sigma_1 + \sigma_3) \quad (t/m^2) \qquad (2.11)$$

Die Normalspannung σ in der Gl.(2.11) ist die Normal-

spannung auf der Ebene der maximalen Scherspannung. Die
Ebene der maximalen Scherspannung bildet mit der Ebene der
größeren Hauptspannung einen Winkel von $\theta = 45^\circ$. Rechtwink-
lig zur Ebene O_8P (Abb.2.11) wirkt die konjugierte Scherspannung τ in der gleichen Größe wie die Scherspannung auf
der Ebene O_8P, jedoch mit umgekehrtem Vorzeichen.

Die maximale Scherspannung hat die Größe des Radius des
Mohrschen Spannungskreises:

$$\tau = \tfrac{1}{2} \cdot (\sigma_1 - \sigma_3) \qquad (t/m^2) \qquad (2.12)$$

Der Boden wird in der Fuge abscheren, in der der Winkel α seinen größten Wert erreicht. Der maximale Winkel für
α ergibt sich, wenn die Gerade OP (Abb.2.12) zur Tangente
an den Kreis wird.

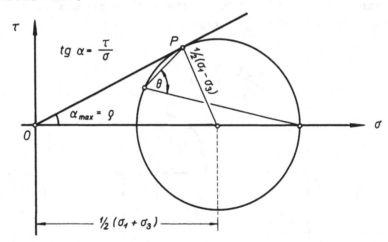

Abb.2.12   Bestimmung des Reibungswinkels ϱ kohäsions-
           loser Böden im Mohrschen Spannungskreis.

Der Abb.2.12 entnimmt man sofort:

$$\sin \varrho = \frac{\sigma_1 - \sigma_3}{\sigma_1 + \sigma_3} \qquad (2.13)$$

Der kritische Winkel θ' für die Ebene, auf der der Bruch
erfolgt, ist:

$$\theta' = 45^\circ + \varrho/2 \qquad (2.14)$$

Mit dem kritischen Winkel θ' lassen sich aus den Gl.(2.9)

und (2.10) die Normalspannungen und die Scherspannungen auf
der Bruchebene ermitteln. Man erkennt aus dem Mohrschen
Spannungskreis aber auch sofort, daß die Scherspannung auf
der Bruchebene kleiner ist als die maximale Scherspannung
nach Gl.(2.12). Der Unterschied ist jedoch sehr gering, daher kann die maximale Scherspannung nach Gl.(2.12) näherungsweise als Scherspannung in der Bruchfuge angesehen
werden.

Lösung

Die Normalspannung und Scherspannung auf der Ebene der
maximalen Scherspannung sind nach den Gl.(2.11) und (2.12):

$$\tau_{max} = \frac{1}{2}(50-15) = 17,5 \ t/m^2$$
$$\sigma = \frac{1}{2}(50+15) = 32,5 \ t/m^2$$

Der Reibungswinkel des Sandes ist nach Gl.(2.13):

$$\sin\varrho = \frac{50-15}{50+15} = 0,538$$
$$\varrho = 33°$$

Der Reibungswiderstand des Sandes wird in der Ebene
überschritten, deren Winkel θ zur Ebene der größeren Hauptspannung den Wert des kritischen Winkels θ' hat. Nach
Gl.(2.14) ist:

$$\theta' = 45° + \frac{33}{2} = 61,5°$$

Ergebnisse

Bisher wurde in diesem Abschnitt allgemein vom Reibungswinkel ϱ des Bodens gesprochen. Es ist jedoch erforderlich,
noch genauer zu definieren, um welchen Reibungswinkel es
sich handelt, denn die Größe des Reibungswinkels hängt von
mehreren bodenphysikalischen Eigenschaften ab. Außer der
Struktur des Bodens, der Lagerungsdichte, der mineralogi-
schen Zusammensetzung und dem Wassergehalt hat der Konso-
lidierungsgrad einen entscheidenden Einfluß auf die Größe
des Reibungswinkels. Solange ein Boden nicht vollkommen
konsolidiert ist, herrscht im Inneren ein Porenwasser-

überdruck. Die aufgebrachten Spannungen können also bei un-
vollkommener Konsolidierung nicht sämtlich wirksame Spannungen sein. Man muß drei Fälle unterscheiden:

a)   Reibungswinkel in konsolidierten wassergesättigten
     Böden.

b)   Reibungswinkel in unkonsolidierten wassergesättig-
     ten Böden.

c)   Reibungswinkel in ungesättigten Böden.

Die Reibungswinkel konsolidierter wassergesättigter Böden, also der Böden, in denen der Porenwasserüberdruck
gleich Null ist und in denen alle Spannungen wirksame Spannungen sind, werden wirksame Reibungswinkel genannt und
durch das Symbol φ' ausgedrückt.

Die Reibungswinkel unkonsolidierter wassergesättigter
Böden, also der Böden, in denen ein Porenwasserüberdruck
vorhanden ist und in denen die Spannungen gesamte Spannungen sind, werden gesamte Reibungswinkel genannt und durch
das Symbol φ_u ausgedrückt. (Siehe auch SCHULTZE/MUHS 1967,
S. 506). Mit der Definition für die gesamte Spannung:

$$\sigma = \sigma' + p_W \qquad (t/m^2) \qquad (2.15)$$

p_W = Porenwasserüberdruck in t/m^2,
ist also die größere wirksame Hauptspannung bei vorhandenem
Porenwasserüberdruck:

$$\sigma_1' = \sigma_1 - p_W \qquad (t/m^2) \qquad (2.16)$$

und die kleinere wirksame Hauptspannung:

$$\sigma_3' = \sigma_3 - p_W \qquad (t/m2) \qquad (2.17)$$

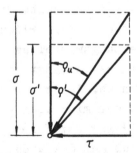

Der Reibungswiderstand hängt
nur von den wirksamen Spannungen ab. Die wirksamen Spannungen sind aber nach Gl.
(2.15) kleiner als die aufge-
brachten Spannungen σ_1 und σ_3,
also wird auch eine kleinere
Scherspannung benötigt, um
den Bruch herbeizuführen.

Abb.2.13 Reibungswinkel bei
bei Porenwasserüberdruck.

Aus Abb.2.13 ersieht man, daß der gesamte Reibungswinkel ϱ_u infolge dieses Zusammenhanges kleiner sein muß als
der wirksame Reibungswinkel ϱ' , da die kleinere Scherspannung auf die gesamte Normalspannung bezogen wird. Das gleiche Ergebnis erhält man auch aus dem Mohrschen Spannungs-

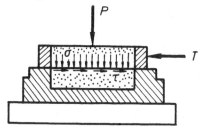

kreis für den in Abb.2.14
schematisch dargestellten direkten Scherversuch.
Der Scherwiderstand AC in der
Abb.2.15 ist bei einem konsolidierten Boden größer als bei
einem unkonsolidierten Boden,

Abb. 2.14 Schematische Darstellung eines direkten
Scherversuches.

daher ist bei gleicher gesam-
ter Normalspannung σ der Reibungswinkel $\varrho' > \varrho_u$.

Bei unkonsolidierten Böden läßt sich der wirksame Reibungswinkel ϱ' bestimmen, wenn der Porenwasserüberdruck im
Bruchzustand bekannt ist. Die Tangente an den Mohrschen
Spannungskreis in Abb.2.15 muß dann durch den Punkt 0' gehen und parallel zur Tangente an den Kreis für den konsolidierten Zustand verlaufen.

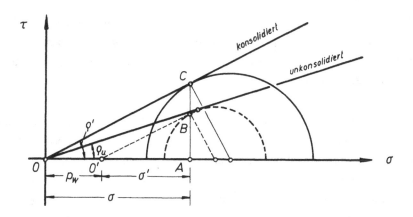

Abb. 2.15 Mohrscher Spannungskreis für konsolidierte
und unkonsolidierte Böden.

An dieser Stelle muß noch auf einen wichtigen physikali-
schen Zusammenhang hingewiesen werden, der den Reibungswin-

kel ϱ erhöhen statt abmindern kann. Bei Scherversuchen
macht man die Beobachtung, daß das Volumen lose gelagerter,
kohäsionsloser Böden im Augenblick des Bruches abnimmt, die
Probe also zusammensackt, während das Volumen bei einem
dichtgelagerten, kohäsionslosen Boden im Augenblick des
Bruches zunimmt, die Probe sich also auflockert (SCHULTZE/
MUHS 1967, S. 494).

Wenn ein locker gelagerter Boden im wassergesättigten
Zustand, also unmittelbar vor dem Bruch, vollkommen konsolidiert war, so wird sich im Augenblick des Bruches infolge
der Verringerung des Volumens ein Porenwasserüberdruck einstellen, der zu einem kleineren Reibungswiderstand führt.

Im Gegenteil dazu wird sich bei einem dichtgelagerten,
wassergesättigten kohäsionslosen Boden infolge der Vergrößerung des Volumens im Augenblick des Bruches ein Poren-
wasserunterdruck einstellen, der zu einer Erhöhung des
Reibungswiderstandes führt. Diese Erhöhung des Reibungswiderstandes in wassergesättigten dichten Sanden kann sehr
gut bei plötzlichen, stoßweisen Belastungen, wie Pfahlram-
mungen oder Erdbebenstößen, beobachtet werden.

Nur wenn der Boden sich zufällig im Zustand der kritischen Dichte befindet, ist keine Änderung des Reibungswiderstandes zu beobachten, da sich die geschilderten Volumenänderungen im Augenblick des Bruches nicht einstellen.

Bei kohäsionslosen wassergesättigten Böden kann im allgemeinen davon ausgegangen werden, daß sie vollkommen konsolidiert sind und daß bei einer Belastung das Porenwasser
schnell genug abfließen kann, um den zunächst entstehenden
Porenwasserüberdruck wieder auf Null absinken zu lassen.
Bei diesen Böden ist der ermittelte Reibungswinkel also der
wirksame Reibungswinkel ϱ'. Im Laborversuch ist ebenfalls
dafür zu sorgen, daß in der Bodenprobe keine Porenwasserüberdrücke entstehen.

In ungesättigten kohäsionslosen Böden ist die Zusammen-

drückbarkeit der Luft in den Poren so groß, daß praktisch
unter keiner Belastungsbedingung Porenwasserüberdrücke entstehen können und die ermittelten Reibungswinkel bei ent-
sprechender Versuchsanordnung stets die wirksamen Reibungswinkel ϱ' darstellen.

**Aufgabe 21   Bestimmung des wirksamen Reibungswinkels ϱ'
eines Sandes im direkten Scherversuch mit kontrollierter Verschiebung**

Die Abb.2.16 und 2.17 zeigen die Ergebnisse eines direkten Scherversuches mit kontrollierter Verschiebung für einen Sand mit hohem Wassergehalt.

Eine gestörte Bodenprobe des Sandes wurde mit einer Abschergeschwindigkeit von 0,0355 mm/min abgeschert. Das spezifische Gewicht des Sandes betrug γ_s = 2,65 g/cm³. Die Abmessungen und Gewichte der Probe sind in Abb.2.16 angegeben.

Wie groß ist der wirksame Reibungswinkel ϱ' des untersuchten Sandes?

Wie groß sind die Hauptspannungen, und welche Neigungen
haben die Hauptspannungsebenen in der Probe im Augenblick
des Bruches?

Grundlagen

Der direkte Scherapparat besteht aus einem festen unteren Teil und einem verschiebbaren oberen Teil (Abb.2.14).
Zwischen diesen beiden Teilen befindet sich die Bodenprobe.
Sie wird vertikal durch eine Normalbelastung P und horizontal durch eine Scherkraft T belastet.

Die Scherkraft T wird so lange erhöht, bis zwischen den
beiden Teilen eine horizontale Scherfuge entsteht und der
Bruch des Bodens eintritt. Eine ausführliche Darstellung
und Beschreibung des Versuches und der Wirkungsweise des

Direkter Scherversuch - Blatt 1-

Bodenprobe ___feiner Sand___   Versuch Nr. _____1_____

Entnahmestelle ___UDO___   Datum _____27.5.1970_____
Bohrung Nr. ___U 15___   Bearbeiter _____
Probe Nr. ___M 2___

Scherbüchse	Nach dem Einbau	Vor dem Abscheren	Nach dem Abscheren
Querschnitt F (cm^2)	31,00	31,00	31,00
Probenhöhe h (cm)	2,57	1,99	2,06
Probenvolumen $V=F \cdot h$ (cm^3)	79,67	61,69	63,86
Probengewicht (feucht)+ Behälter $G=G_f+T$ (g)	2780,50	----	2767,90
Behälter T (g)	2641,00	2641,00	2641,00
Probengewicht (feucht) $G_f = G - T$ (g)	139,50	----	126,90
Probengewicht (trocken)+ Behälter $G = G_t + T$ (g)	2747,20	2747,20	2747,20
Probengewicht (trocken) $G_t = G - T$ (g)	106,20	106,20	106,20
Wassergehalt $w = \frac{G_f - G_t}{G_t} \cdot 100\%$	31,36	----	19,49
Raumgew.(feucht) $\gamma (g/cm^3)$	1,751	----	1,987
Raumgew. (trocken) $\gamma_t (g/cm^3)$	1,333	1,722	1,663
Spez. Gewicht γ_s (g/cm^3)	2,65	2,65	2,65
Porenziffer $\varepsilon = \frac{V \cdot \gamma_s}{G_t} - 1$	0,99	0,54	0,59
Porenvolumen $n = \frac{\varepsilon}{1+\varepsilon} \cdot 100\%$	49,8	35,1	37,1
Sättigungsgrad $s_w = \frac{w \cdot \gamma_s}{\varepsilon \cdot \gamma_w} \cdot \frac{1}{100}$	0,84	----	0,88

Normalbelastung

Gewicht P : ___62 kg___   Normalspannung $\sigma = 2,0$ kg/cm^2

Dynamometer

Meßuhr : ___Lufkin No. 2-C10-200-1___ 1 Teilstrich = 0,00155 kg/cm^2

Abschergeschwindigkeit: ___0,0355 mm/min___

Bemerkungen:

Abb. 2.16 Formular zur Auswertung eines direkten Scherversuches mit einem feinen Sand.

Bodenprobe **feiner Sand** — Direkter Scherversuch – Blatt 2 –

Entnahmestelle UDO — Bohrung Nr. U 15 — Probe Nr. M 2 — Versuch Nr. 1 — Datum 27.5.70 — Bearbeiter

Tag	Uhrzeit	Δt Min.	Dynamometer Lesung	Setzung Lesung	Setzung Δh mm	Verschiebung Δl mm	Scherspannung τ kg/cm²	$\frac{\tau}{\sigma}$
27.5.	9.00	0	0	0	0	0	0	0
		10	209	14,0	− 0,035	0,35	0,324	0,162
		20	432	36,5	− 0,091	0,70	0,670	0,335
		30	675	64,9	− 0,162	1,05	1,046	0,523
		40	810	73,8	− 0,185	1,40	1,256	0,628
	10.00	50	881	76,3	− 0,191	1,80	1,366	0,683
		60	924	76,4	− 0,192	2,10	1,432	0,716
		70	925	74,7	− 0,184	2,50	1,434	0,717
		80	923	70,0	− 0,175	2,80	1,431	0,716
		90	921	65,5	− 0,164	3,20	1,428	0,714
		100	913	55,6	− 0,139	3,50	1,415	0,708
	11.00	110	894	50,0	− 0,125	3,90	1,386	0,693
		120	873	44,0	− 0,110	4,30	1,353	0,677
		130	849	37,6	− 0,094	4,60	1,316	0,658
		140	835	37,4	− 0,087	4,90	1,294	0,647
		150	807	29,3	− 0,073	5,30	1,251	0,626
		160	794	26,4	− 0,066	5,60	1,231	0,615
	12.00	170	780	25,2	− 0,063	6,00	1,209	0,605
		180	765	24,0	− 0,060	6,40	1,186	0,593
		190	759	20,0	− 0,050	6,80	1,176	0,588
		200	758	19,2	− 0,048	7,10	1,175	0,588
		210	758	16,0	− 0,040	7,50	1,175	0,588
		220	757	14,0	− 0,035	7,80	1,173	0,587
		230	757	12,0	− 0,030	8,20	1,173	0,587
	13.00	240	756	11,6	− 0,029	8,50	1,172	0,586

Abb. 2.17 Formular zur Auswertung eines direkten Scherversuches mit kontrollierter Verschiebung mit feinem Sand.

direkten Scherapparates geben u.a. SCHULTZE/MUHS (1967),
S.484 und 501, und LAMBE (1951), S.88. Die Scherkraft wird
mit einem Dynamometer gemessen. Die waagerechte Verschiebungsgeschwindigkeit kann konstant gewählt werden, man
spricht dann von einem direkten Scherversuch mit kontrollierter Verschiebung und mißt die Verschiebungen zu festge-
setzten Zeiten.

Die Verschiebungsgeschwindigkeit ist möglichst so klein
zu wählen, daß in der Probe infolge von Volumenänderungen
keine Porenwasserüberdrücke auftreten können, die zu einer
falschen Aussage über den wirksamen Reibungswinkel φ' führen
würden. Ein Versuch, bei dem keine Porenwasserüberdrücke
auftreten, wird ein entwässerter, direkter Scherversuch
oder langsamer, direkter Scherversuch genannt.

Ein Versuch, bei dem Porenwasserüberdrücke auftreten,
wird ein nichtentwässerter, direkter Scherversuch oder
schneller, direkter Scherversuch genannt.

Die Verschiebungsgeschwindigkeit sollte unter 0,1 mm/min
liegen, wenn Porenwasserüberdrücke vermieden werden sollen.
Die Proben werden im allgemeinen im wassergesättigten Zustand abgeschert, um Kapillarspannungen auszuschalten. Das
Produkt aus der Verschiebungsgeschwindigkeit und der Zeit
ergibt den Verschiebungsweg:

$$\varDelta l = v \cdot \varDelta t \qquad (mm) \qquad (2.18)$$

$\varDelta l$ = Verschiebungsweg in mm
v = Verschiebungsgeschwindigkeit in mm/min
$\varDelta t$ = Zeit in Minuten

Der Quotient aus der Scherkraft zur Zeit $\varDelta t$ und der
Scherfläche F ergibt die Scherspannung τ :

$$\tau = \frac{T}{F} \qquad (kg/cm^2) \qquad (2.19)$$

τ = Scherspannung in kg/cm^2
T = Scherkraft in kg

F = Querschnittsfläche der Scherbüchse in cm^2

Der Quotient aus der Normalbelastung P und der Scherfläche F ergibt die Normalspannung σ :

$$\sigma = \frac{P}{F} \qquad (\text{kg/cm}^2) \qquad (2.20)$$

σ = Normalspannung in kg/cm^2
P = Normalkraft in kg
F = Querschnittsfläche der Scherbüchse in cm^2

Trägt man das Verhältnis der Scherspannung zur Normalspannung τ/σ oder die Scherspannung τ als Funktion des Ver-
schiebungsweges auf, so erhält man die Scherverschiebungslinie (Abb.2.18):

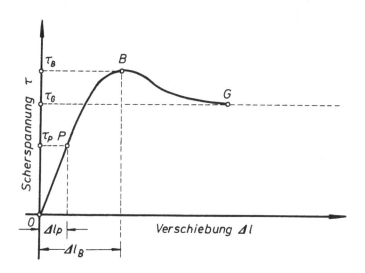

Abb.2.18 Darstellung der Scherverschiebungslinie
eines Sandes.

Man unterscheidet drei charakteristische Punkte der
Scherverschiebungslinie:

a) Die Bruchgrenze, die durch den Punkt B gegeben ist.
    Sie gibt den Scherwiderstand, also die Summe des
    Reibungswiderstandes und des Haftwiderstandes an.

b) Die Gleitgrenze, die durch den Punkt G gegeben ist.

Sie gibt den Reibungswiderstand an.

c)   Die Proportionalitätsgrenze, die durch den Punkt P
     gegeben ist. Sie stellt das Ende des geradlinigen
     Teiles der Scherverschiebungslinie dar. Im Bereich
     von O bis P herrscht zwischen der Scherspannung und
     der Verschiebung eine lineare Abhängigkeit.

Der geradlinige Teil der Scherverschiebungslinie ist
nicht immer deutlich erkennbar, und oft stellt sich auch
zwischen der Bruchgrenze und der Gleitgrenze kein deutli-
cher Unterschied ein.

Für die Bestimmung des wirksamen Reibungswinkels φ' wird
im allgemeinen die Bruchgrenze verwendet. Abb.2.19 zeigt
den Mohrschen Spannungskreis für den Bruchzustand einer
kohäsionslosen Bodenprobe.

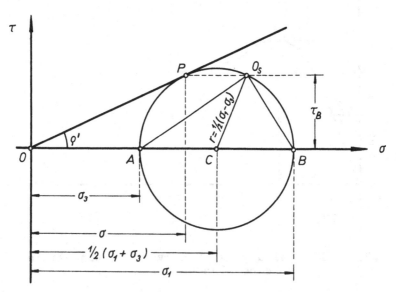

Abb.2.19 Mohrscher Spannungskreis eines kohäsionslosen Bodens während des Bruches beim direkten Scherversuch.

Die Normalspannung σ und die Scherspannung τ_B ergeben
den Punkt P auf dem Mohrschen Spannungskreis. Eine Linie
OP tangiert den Kreis im Punkt P. Durch den Punkt P kann
der Radius des Kreises gezogen werden, er steht normal auf

der Linie OP und schneidet die σ-Achse im Punkt C, dem Mittelpunkt des Mohrschen Spannungskreises. Mit dem Radius und dem Mittelpunkt kann der Mohrsche Spannungskreis gezeichnet werden.

Die Scherebene verläuft im direkten Scherversuch horizontal. Eine Parallele zur Scherebene durch den Punkt P ergibt den Ursprung der Spannungsebenen O_s. Mit der Kenntnis des Punktes O_s können dann die Neigungen der Hauptspannungsebenen angegeben werden. Der Abb. 2.19 entnimmt man:

$$tg\ \varphi' = \frac{\tau_B}{\sigma} \qquad\qquad (2.21)$$

Aus der Gl. (2.21) kann der wirksame Reibungswinkel φ' bestimmt werden.

Bei jedem direkten Scherversuch werden außerdem die Raumgewichte des feuchten und des trockenen Bodens, Porenziffern, Porenvolumen und Sättigungsgrad der Probe nach dem Einbau, vor dem Abscheren und nach dem Abscheren angegeben, um die Zustandsänderungen des Bodens während des Versuches deutlich zu machen.

Es ist zweckmäßig, die Abhängigkeit der vertikalen Formänderung von der Verschiebung darzustellen. Diese Darstellung gibt Aufschluß über die Lagerungsdichte des Sandes.

Bei dichtgelagerten Sanden findet, wie schon in der Aufgabe 20 erwähnt, eine Auflockerung statt, wenn die relative Dichte größer ist als die kritische Dichte. Diese Auflockerung führt zu einer Hebung der Belastungsplatte, während bei lockeren Sanden mit relativen Dichten kleiner als die kritische Dichte eindeutige Setzungen der Bodenprobe zu beobachten sind (SCHULTZE/MUHS 1967, S. 494).

Lösung

Die Werte τ/σ (Abb. 2.17) werden in Abhängigkeit von der horizontalen Verschiebung Δl aufgetragen (Abb. 2.20). An der

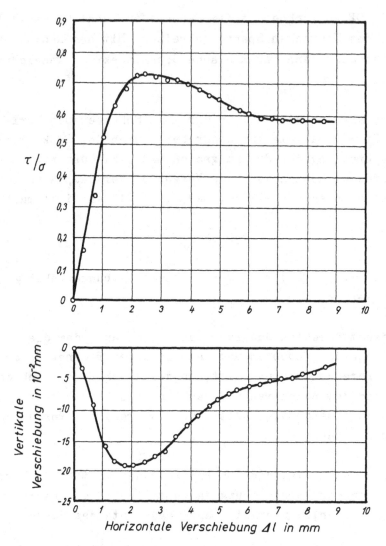

Abb. 2.20   Ergebnisse eines direkten Scherversuches mit kontrollierter Ver-
Schiebung.

Bruchgrenze ist:

$$\frac{\tau_B}{\sigma} = 0,717$$

Der wirksame Reibungswinkel ϱ' ist somit nach Gl. (2.21):

$$\text{tg } \varrho' = 0,717$$
$$\varrho' = 35,7°$$

In Abb. 2.21 sind die Hauptspannungen und die Neigungen
der Hauptspannungsebenen ermittelt. Aus der Abb. 2.21 ent-

nimmt man:

$$\sigma_1 = 4{,}75 \ kg/cm^2$$
$$\sigma_3 = 1{,}25 \ kg/cm^2$$

Die Hauptspannungsebenen haben folgende Neigungen zur horizontalen Scherfläche:

Für σ_1 : $\beta_1 = 120°$
Für σ_3 : $\beta_3 = 30°$

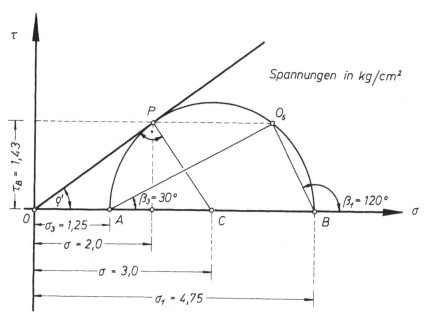

Abb. 2.21 Ermittlung der Hauptspannungen und Lage der Hauptspannungsebenen während des Bruches beim direkten Scherversuch.

Ergebnisse

Während des Scherversuches hat sich die Bodenprobe aufgelockert. Die Auflockerung oder Hebung der Belastungsplatte wird durch ein negatives Vorzeichen für die Setzungen (Abb. 2.17 und 2.20) ausgedrückt.

Wenn der Boden sich während des Versuches aufgelockert hat, so muß sein Raumgewicht während des Versuches abgenommen haben. Die Auswertung in Abb. 2.16 zeigt richtig,

daß das Raumgewicht des trockenen Bodens von $\gamma_t = 1{,}722$
auf $1{,}663$ g/cm^3 abgenommen hat. Nur dichte Böden zeigen
diese Auflockerung. Die Bodenprobe war also während des
Versuches relativ dicht gelagert und zeigt dementsprechend
auch einen für dichte Böden ohne Kohäsion typischen wirksamen Reibungswinkel von $\varrho' = 35{,}7°$.

Der untersuchte Sand brauchte bis zur Bruchgrenze einen
Verschiebungsweg von $2{,}2$ mm. Verschiebungswege dieser Grö-
ßenordnung sind bei Stützmauern, Spundwänden usw. ohne weiteres denkbar, so daß der Scherwiderstand und der ermittelte Reibungswinkel in voller Größe auftreten können.

Es können Fälle auftreten, in denen die Verschiebungswege bis zur Bruchgrenze so groß sind, daß sie in der
Praxis nicht zugelassen werden können. In diesen Fällen
muß der Scherwiderstand den zulässigen Verschiebungswegen
angepaßt werden.

Aufgabe 22 Bestimmung des wirksamen Reibungswinkels ϱ' eines Sandes im dreiaxialen Druckversuch bei kontrollierter Verschiebung

Die Formulare zur Auswertung eines dreiaxialen Druckversuches, Abb. 2.22 und Abb. 2.23, zeigen die Ergebnisse eines D-Versuches mit einem wassergesättigten feinen Sand.
Die Bodenprobe konnte während des Versuches ungehindert
entwässern, so daß keine Porenwasserdrücke entstehen konn-
ten. In den Formularen sind alle Bodenkennziffern, die zur
Beurteilung der Ergebnisse erforderlich sind, angegeben.

Wie groß ist der wirksame Reibungswinkel ϱ' des untersuchten Sandes?

Grundlagen

Der dreiaxiale Druckversuch unterscheidet sich vom direkten Scherversuch dadurch, daß die Bodenprobe während des

Dreiaxialer Druckversuch
Blatt 1

Bodenprobe ___feiner Sand___   Versuch Nr. _____ 4 _____
_____ Art des Versuches ___ D ___
Entnahmestelle ___UDO___   Datum _____ 6.1.1968 _____
Bohrung Nr. ___M 2___   Bearbeiter _____
Probe Nr. ___U 16___

Zustand	vor dem Versuch	vor dem Abscheren	nach dem Versuch
Probenhöhe h (cm)	7,60	7,60	6,446
Probenquerschnitt F (cm²)	11,30	----	13,00
Probengewicht (feucht) +			
Behälter $G = G_f + T$ (g)	276,60	----	----
Probenvolumen $V = F \cdot h$ (cm³)	85,88	----	84,00
Behälter T (g)	114,10	----	----
Probengewicht (feucht) $G_f = G - T$ (g)	162,50	----	156,10
Probengewicht (trocken) G_t (g)	139,30	----	138,50
Wassergehalt $w = \frac{G_f - G_t}{G_t} \cdot 100\ \%$	16,70	----	12,71
Raumgewicht (feucht) γ_f (g/cm³)	1,892	----	1,858
Raumgewicht (trocken) γ_t (g/cm³)	1,622	----	1,649
Spez. Gewicht γ_s (g/cm³)	2,67	2,67	2,67
Porenziffer $\varepsilon = \frac{V \cdot \gamma_s}{G_t} - 1$	0,65	----	0,62
Porenvolumen $n = \frac{\varepsilon}{1+\varepsilon} \cdot 100\ \%$	39	----	38,3
Sättigungsgrad $s_w = \frac{w \cdot \gamma_s}{\varepsilon \cdot \gamma_w} \cdot \frac{1}{100}$	0,69	----	0,55

Belastung

Allseitiger Druck _____ $\sigma_3 = 2,0\ \text{kg/cm}^2$
Vertikale Verschiebungsgeschwindigkeit ___ $v = 0,31\ \text{mm/min}$ ___

Dynamometer

Meßuhr ___Lufkin No. 2-C10-200-1___ _1 Teilstrich_= 0,048 kg

Gerät
_____ I/S Mossco-Oslo   Type TP-2 _____

Bemerkungen:

Abb. 2.22   Formular zur Auswertung eines dreiaxialen Druckversuches.

Dreiaxialer Druckversuch – Blatt 2 –

Bodenprobe __feiner Sand__   Probe Nr. __U 16__   Datum __6.1.68__
Entnahmestelle __UDO__   Versuch Nr. __4__   Bearbeiter ____
Bohrung Nr. __M 2__   Art des Versuches __D__   (+ΔV = Volumenabnahme, direkt gemessen)

Tag	Zeit	Δt	Dynamometer Ablesung M	Last P	Setzung L	$s' = L/h_a$	$h = h_a - L$	$V = V_a - \Delta V$	$F_i = V/h$	$\sigma_1 - \sigma_3 = P/F_i$	P_w	σ_1'/σ_3'	Pipette Obere Drainage	Untere Drainage	ΔV
		min	Teilstriche	kg	Teilstriche	—	Teilstriche	cm³	cm²	kg/cm²	kg/cm²	—	cm³	cm³	cm³
6.1.	8.09	0	0	0	0	0	7600	85,88	11,30	0	=	1,00	—	—	0
	8.24	15	260	12,5	46	0,006	7554	85,40	11,31	1,11	—	1,55	—	—	+0,48
	8.51	32	498	23,9	99	0,013	7501	85,20	11,36	2,10	—	2,05	—	—	+0,60
	9.11	52	805	38,6	161	0,021	7439	85,10	11,44	3,38	—	2,69	—	—	+0,70
	9.26	67	1031	49,5	192	0,025	7408	84,90	11,46	4,32	—	3,15	—	—	+0,90
	9.44	85	1429	68,5	263	0,035	7337	84,70	11,54	5,96	—	3,98	—	—	+1,10
	10.00	101	1617	77,6	315	0,041	7285	84,40	11,58	6,72	—	4,36	—	—	+1,40
	10.19	120	1920	92,1	372	0,049	7228	84,20	11,66	7,90	—	4,95	—	—	+1,60
	10.34	135	2074	99,5	418	0,055	7182	84,00	11,70	8,50	—	5,25	—	—	+1,80
	10.51	152	2090	100,2	471	0,062	7129	83,80	11,76	8,52	—	5,31	—	—	+2,00
	11.12	173	2211	106,1	536	0,071	7064	83,60	11,83	8,96	—	5,49	—	—	+2,20
	11.26	187	2276	109,3	580	0,076	7020	83,40	11,88	9,20	—	5,60	—	—	+2,40
	11.45	206	2304	110,5	638	0,084	6962	83,20	11,95	9,25	—	5,63	—	—	+2,60
	12.15	236	2308	110,7	732	0,096	6868	83,20	12,12	9,12	—	5,56	—	—	+2,60
	12.30	249	2308	110,7	771	0,102	6829	83,40	12,21	9,07	—	5,52	—	—	+2,40
	12.56	275	2300	110,2	852	0,112	6748	83,70	12,40	8,88	—	5,44	—	—	+2,10
	13.16	293	2285	109,5	908	0,120	6692	83,70	12,51	8,74	—	5,37	—	—	+2,10
	13.27	304	2256	108,2	942	0,124	6658	83,70	12,57	8,60	—	5,30	—	—	+2,10
	13.42	319	2239	107,3	989	0,130	6611	83,70	12,67	8,46	—	5,23	—	—	+2,10
	14.00	337	2216	106,4	1044	0,138	6556	83,90	12,80	8,30	—	5,15	—	—	+1,90
	14.20	357	2208	106,0	1107	0,146	6493	84,00	12,94	8,18	—	5,09	—	—	+1,80
	14.35	372	2171	104,1	1154	0,152	6446	84,00	13,03	8,00	—	5,00	—	—	+1,80

Abb. 2.23 Formular zur Auswertung eines dreiaxialen Druckversuches.

Versuches nicht durch seitliche Wandungen an lateralen
Formänderungen gehindert wird. Die Probe hat eine zylindri-
sche Form. Der Probendurchmesser beträgt bei den gebräuch-
lichen Versuchsanordnungen 38 mm oder 1,5". Das Verhältnis
der Höhe zum Durchmesser der Probe liegt im Bereich von:

$$2 \cong H/d \cong 2,5.$$

Für die Untersuchung grobkörniger Dammbaustoffe sind Geräte entwickelt worden, die die Untersuchung großer Proben
zulassen (LEUSSINK 1960, SCHULTZE 1957).

Beim dreiaxialen Druckversuch ist die Möglichkeit ge-
schaffen, die Bodenprobe allseitig zu belasten, wobei vertikale und horizontale Drücke verschiedene Größen haben
können. Abb. 2.24 zeigt den Aufbau der Druckzelle eines
dreiaxialen Druckgerätes. Die allseitige Belastung der Bodenprobe erzielt man, indem das Wasser in der Druckzelle
unter den gewünschten Druck gebracht wird. Der Bruch der
Bodenprobe wird durch die Steigerung der vertikalen Last P
erzielt.

Die kleinere Hauptspannung σ_3 entspricht dem Druck des
Wassers in der Druckzelle, und die größere Hauptspannung σ_1
entspricht der Summe aus dem Wasserdruck der Druckzelle und
dem zusätzlich vertikal aufgebrachten Druck. Die Bodenprobe
wird vor dem Einbau in den Druckzylinder mit einer Gummi-
hülle so umspannt, daß kein Wasser aus der Druckzelle in
die Bodenprobe eindringen kann. Das Porenwasser und die Porenluft können bei den meisten Geräten unter der Druckbean-
spruchung nach oben und unten entweichen, wenn es die Versuchsdurchführung erfordert. Es kann aber auch dafür gesorgt werden, daß keine Entwässerung oder Entlüftung
während des Versuches stattfindet. Im erstgenannten Falle
spricht man von einem entwässerten und im zweiten Falle von
einem nichtentwässerten Versuch.

Die vertikale Belastung wird im allgemeinen durch eine
konstante Verschiebung des Druckstempels erhöht und die Belastung selbst an einem Dynamometer abgelesen. In diesem

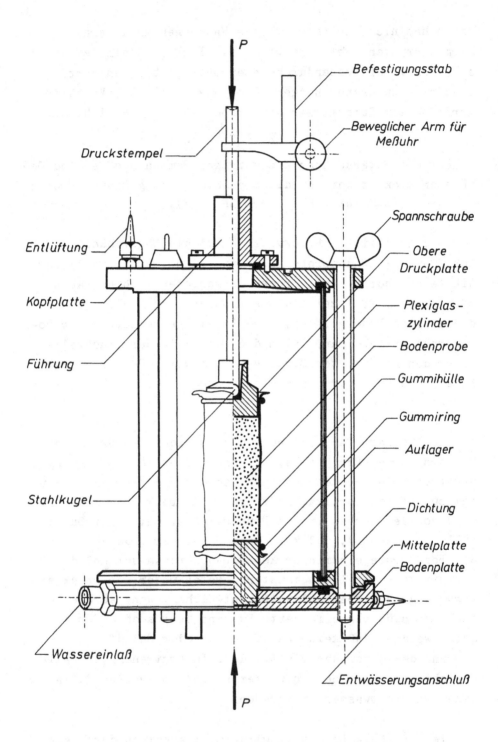

Abb. 2.24   Druckzelle eines dreiaxialen
Druckgerätes mit eingebauter Bodenprobe.

Falle spricht man von einem dreiaxialen Druckversuch mit
kontrollierter Verschiebung.

Die vertikale Formänderung ergibt sich entweder direkt
aus der Multiplikation der Zeit mit der konstanten Verschiebungsgeschwindigkeit oder aus der Ablesung an einer Meßuhr,
die die vertikale Formänderung registriert.

Für die Messung des Porenwasserdruckes und Porenluft-
druckes werden verschiedene Geräte verwendet. SCHULTZE und
MUHS (1967) geben einen ausführlichen Überblick über die
wichtigsten zur Zeit verwendeten Geräte dieser Art.

Die Volumenänderung der Probe entspricht bei wassergesättigten Böden unmittelbar dem Volumen des ausgepreßten
Porenwassers. Bei nichtgesättigten Böden läßt sich die Volumenänderung der Probe unter der dreiaxialen Belastung
aus der Änderung des Wasservolumens in der Druckzelle bestimmen. SCHULTZE und MUHS (1967) geben zu diesen Meßver-
fahren ebenfalls einen ausführlichen Überblick.

Jeder dreiaxiale Druckversuch läuft in zwei Phasen ab.
Zunächst wird die Bodenprobe mit einem gewünschten Druck
des Wassers in der Druckzelle allseitig belastet (Phase I),
dann wird die vertikale Spannung σ_1 so lange erhöht, bis der
Bruch der Probe eintritt (Phase II). Während der Phase I
kann der Boden konsolidieren, wenn es für die Erzielung des
gewünschten Ergebnisses erforderlich ist. In diesem Falle
wird die Entwässerung (Abb. 2.24) geöffnet.

Man unterscheidet drei Standardversuche, die nach der
Art dieser Versuchsphasen eingeteilt sind:

UU-Versuche, das sind nichtkonsolidierte, nichtentwässerte Versuche (unconsolidated and undrained
tests). Die Bodenprobe kann weder während
der Phase I noch während der Phase II entwässern. Der Versuch ist nur für bindige
Böden geeignet.

CU-Versuche, das sind konsolidierte, nichtentwässerte
Versuche (consolidated and undrained tests).
Die Bodenprobe kann während der Phase I
konsolidieren. Nach der Konsolidierung wird
jedoch die Entwässerung geschlossen, und die
Phase II läuft ohne Entwässerung ab. Der
Versuch ist für alle Bodenarten geeignet.

D-Versuche, das sind entwässerte Versuche (drained
tests). Die Bodenprobe kann sowohl während
der Phase I als auch während der Phase II
entwässern. Der Versuch ist für alle Bodenarten geeignet.

Die Ergebnisse eines dreiaxialen Druckversuches können
in verschiedener Weise graphisch dargestellt werden. Übli-
cherweise werden folgende Funktionen graphisch aufgetragen:

a) Die größere wirksame Hauptspannung σ_1 als Funktion
der bezogenen Setzung s'.

b) Die kleinere wirksame Hauptspannung σ_3 als Funktion
der bezogenen Setzung s'.

c) Der Spannungsunterschied $\sigma_1 - \sigma_3$ als Funktion der bezogenen Setzung s'.

d) Das Spannungsverhältnis σ_1'/σ_3' als Funktion der bezogenen Setzung s'.

e) Die mittlere wirksame Hauptspannung:

$$\sigma_m' = \frac{1}{3} \left(\sigma_1' + 2\sigma_3' \right)$$

als Funktion der bezogenen Setzung s'.

f) Die Volumenabnahme $\Delta V/V$ als Funktion der bezogenen
Setzung s'

Zu jedem Versuch werden die Wassergehalte, Raumgewichte,
Porenvolumen, Porenziffern und Sättigungsgrade in verschiedenen Versuchsstadien angegeben (Abb. 2.22).

Für kohäsionslose Böden läßt sich der wirksame Reibungswinkel ϱ' aus e i n e m dreiaxialen Druckversuch (D-Versuch) bestimmen. Nach Gl. (2.13) ist:

$$sin\ \varrho' = \frac{\sigma_1' - \sigma_3'}{\sigma_1' + \sigma_3'} = \frac{\sigma_1'/\sigma_3' - 1}{\sigma_1'/\sigma_3' + 1} \qquad (2.22)$$

In der Gl. (2.22) ist für das Spannungsverhältnis der wirksamen Hauptspannungen σ_1'/σ_3' der maximale Wert des Versuches einzusetzen.

Bei UU-Versuchen, CU-Versuchen und D-Versuchen mit kohäsiven Böden müssen mindestens jeweils zwei, besser drei Versuche mit verschiedenen Hauptspannungen durchgeführt werden, um mehrere Mohrsche Spannungskreise zeichnen zu können, mit deren Hilfe dann die Schergerade und der wirksame Reibungswinkel ϱ' bestimmt werden können. Im Abschnitt 3 werden diese Versuche mit bindigen Böden in weiteren Beispielen behandelt.

Wenn die Volumenänderung einer ungesättigten Bodenprobe ΔV nicht unmittelbar am Gerät gemessen werden kann, so läßt sich der Spannungsunterschied $\sigma_1 - \sigma_3$ nicht in der Weise ermitteln, wie es in Abb. 2.23 geschehen ist. In diesem Falle ist anders vorzugehen. Die größere Hauptspannung ist:

$$\sigma_1 = \frac{P}{F_i} + \sigma_3 \qquad (kg/cm^2) \quad (2.23)$$

und der Spannungsunterschied infolgedessen:

$$\sigma_1 - \sigma_3 = \frac{P}{F_i} \qquad (kg/cm^2) \quad (2.24)$$

In der Gl. (2.23) ist zu setzen:

Bei UU-Versuchen:

$$F_i = \frac{F_a}{1 - s'} \qquad (cm^2) \quad (2.25)$$

F_a = Anfangsquerschnitt der Probe in cm^2.

Bei CU-Versuchen:

$$F_i = \frac{F_c}{1 - s'} \qquad (cm^2) \quad (2.26)$$

F_c = mittlerer Querschnitt nach Abschluß der Konsolidierung:

$$F_c = \frac{V_a - \Delta V}{h_a - \Delta h} \quad (cm^2)$$

V_a = Anfangsprobenvolumen in cm^3.

ΔV = Volumenänderung während der Konsolidierung in cm^3
(Menge des ausgepreßten Porenwassers einer gesättigten Probe).

h_a = Anfangsprobenhöhe in cm.

Δh = Setzung während der Konsolidierung in cm.

<u>Bei D-Versuchen</u>   (nur bei wassergesättigten Proben):
Bestimmung von F_i wie im Formular, Abb. 2.23:

$$F_i = \frac{V_a - \Delta V}{h_a - \Delta h} - \frac{V}{h} \quad (cm^2) \qquad (2.27)$$

<u>Lösung</u>

Dem Formular zur Auswertung eines dreiaxialen Druckversuches, Abb. 2.23, können das Verhältnis der wirksamen
Hauptspannungen σ_1'/σ_3' , die wirksame Hauptspannung σ_1' und die
wirksame Hauptspannung σ_3' sowie der Spannungsunterschied
$\sigma_1 - \sigma_3$ entnommen werden. Die Abhängigkeit dieser Werte von
der bezogenen Setzung:

$$s' = \frac{\Delta h}{h_a}$$

sind in Abb. 2.26 graphisch dargestellt. Der maximale Wert
des Verhältnisses der wirksamen Hauptspannungen ist:

$$\sigma_1'/\sigma_3' = 5,64$$

Somit ist nach Gl. (2.22):

$$\sin \varrho' = \frac{5,64 - 1}{5,64 + 1} = 0,70$$

$$\varrho = 44,5°$$

In Abb. 2.25 sind die Spannungen im Bruchzustand des
Versuches im Mohrschen Spannungskreis dargestellt.

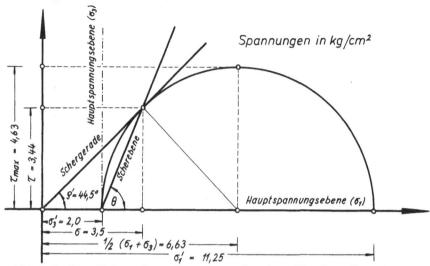

Abb. 2.25 Mohrscher Spannungskreis für den Bruchzustand eines dreiaxialen Druckversuches.

Ergebnisse

Abb. 2.28 zeigt die Ergebnisse einer Reihe von direkten
Scherversuchen mit Sanden bei verschiedenen Anfangsporenziffern und verschiedenen vertikalen Belastungen (TAYLOR,
1948). Man erkennt, daß der Reibungswinkel größer wird,
wenn die Porenziffer abnimmt. Auch ist eine Abhängigkeit
von der vertikalen Belastung zu erkennen. Zum Beispiel fällt
der Reibungswinkel des Sandes dieser Versuchsreihe mit einer
Anfangsporenziffer von 0,60 von $\varepsilon_a = 33°$ auf $\varphi' = 28°$ ab, wenn
die Belastung von 0,976 kg/cm^2 auf 7,8 kg/cm^2 erhöht wird.

Der Abb. 2.27, die die Ergebnisse einer Reihe von dreiaxialen Druckversuchen zeigt, ist ebenfalls zu entnehmen,
daß bei den hier untersuchten Sanden der Reibungswinkel φ'
zunimmt, wenn die Porenziffer abnimmt. Man ersieht außerdem,
daß der Reibungswinkel leicht abnimmt, wenn die allseitige
Belastung erhöht wird.

Bei dem D-Versuch dieser Aufgabe wurde für eine Anfangs-
porenziffer von $\varepsilon_a = 0,64$ ein wirksamer Reibungswinkel von
$\varphi' = 44,5°$ gefunden. Dieser Wert liegt im Bereich der Werte,

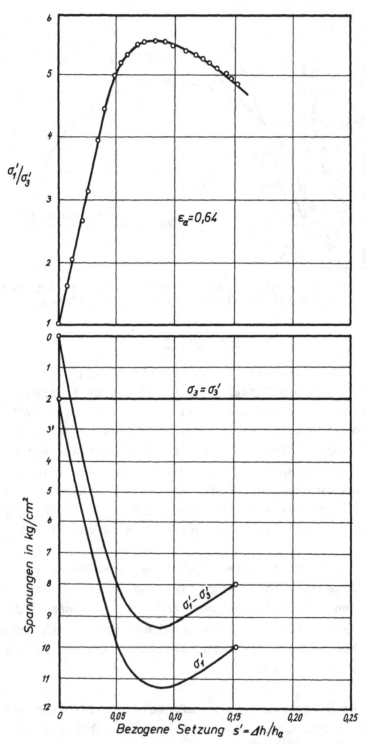

Abb. 2.26 Ergebnisse eines dreiaxialen Druckversuches (D-Versuch) mit dichtem Sand.

die TAYLOR (1948) in Abb. 2.27 angegeben hat. Mit $\varphi' = 44,5°$
liegt der Reibungswinkel des Sandes nahe an der oberen
Grenze für dichte Sande (TERZAGHI/PECK,1948). Man findet
derartig hohe Reibungswinkel im allgemeinen bei Sanden mit
eckiger Kornform und ungleichförmiger Kornverteilung.

Weitere Unterschiede in der Größe der Reibungswinkel von
Sanden ergeben sich aus dem Verlauf der Kornverteilungskurven. Feine Sande haben im allgemeinen etwas kleinere Reibungswinkel als grobe Sande. Der Reibungswinkel nimmt im
allgemeinen ebenfalls leicht ab, wenn der Schluffanteil
eines Sandes zunimmt (KEZDI 1959, S. 317).

2.2 Berechnungstafeln und Zahlenwerte

Tabelle 2.2 Reibung zwischen Böden und
verschiedenen Baustoffen.

Material (ϱ = Reibungswinkel) (δ = Wandreibungswinkel)		Sand $0,06 < d < 2,0mm$		kohäsionsloser Schluff $0,002 < d < 0,06mm$		
		trocken	gesättigt	trocken	gesättigt	
		dicht		dicht	locker	dicht
		δ/ϱ	δ/ϱ	δ/ϱ	δ/ϱ	δ/ϱ
Stahl	glatt (blank)	0,54	0,64	0,79	0,40	0,68
	rauh (rostig)	0,76	0,80	0,95	0,48	0,75
Holz	parallel zur Faser	0,76	0,85	0,92	0,55	0,87
	rechtwinklig zur Faser	0,88	0,89	0,98	0,63	0,95
Beton	glatt (Stahlschalung)	0,76	0,80	0,92	0,50	0,87
	faserig (Holzschalung)	0,88	0,88	0,98	0,62	0,96
	rauh (Bodenoberfläche)	0,98	0,90	1,00	0,79	1,00

Tabelle 2.3 Grenzwerte des wirksamen Reibungswinkels ϱ' (TERZAGHI/PECK 1948).

Bodenart	Runde Körner gleichförmige Kornverteilung	Eckige Körner ungleichförmige Kornverteilung
Lockerer Sand	28,5°	34°
Dichter Sand	35,0°	46°

Tabelle 2.4   Zulässige Bodenpressungen in kg/cm²
für nichtbindige Böden nach DIN 1054.

Gründungs - tiefe unter Gelände	Fein- bis Mittelsand				Grobsand bis Kies			
	bei kleinster Gründungsbreite von:							
	0,4m	1 m	5 m	10m	0,4m	1 m	5 m	10 m
bis 0,5 m	1,5	2,0	2,5	3,0	2,0	3,0	4,0	5,0
bis 1,0 m	2,0	3,0	4,0	5,0	2,5	3,5	5,0	6,0
bis 2,0 m	2,5	3,5	5,0	6,0	3,0	4,5	6,0	8,0

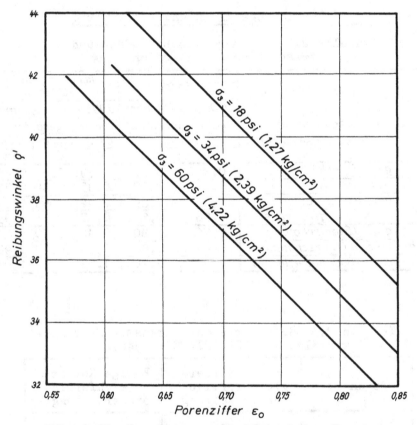

Abb. 2.27   Ergebnisse von dreiaxialen Druckversuchen mit Sanden bei verschiedener Anfangsporenziffer und verschiedenen allseitigen Belastungen (TAYLOR 1948).

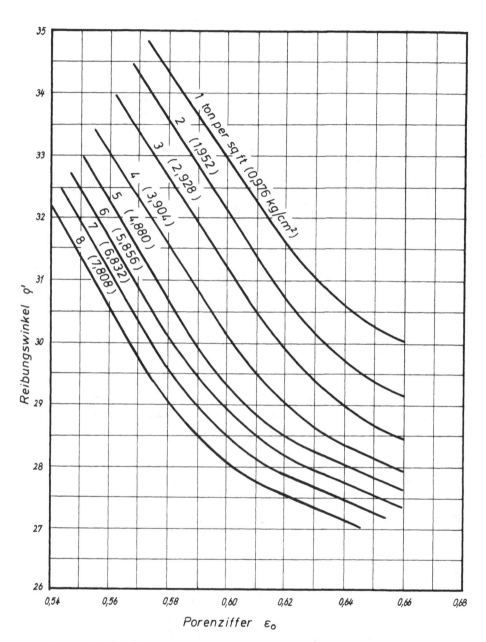

Abb. 2.28 Ergebnisse von direkten Scherversuchen mit Sanden bei verschiedenen Anfangsporenziffern und verschiedenen Belastungen (TAYLOR 1948).

2.3 Literatur

REYNOLDS (1885) On the dilatancy of media composed of rigid particles in contact, with experimental illustrations. Phil. Mag. Ser. 5, 20, S. 469.

CASAGRANDE (1936) Characteristics of cohesionless soil affecting the stability of slopes and earth fills. Journ. Boston Soc. Civ. Eng. 23, S. 13.

TERZAGHI/FRÖHLICH (1936) Theorie der Setzung von Tonschichten. Leipzig-Wien.

CASAGRANDE (1937) Eigenschaften lockerer Böden, die die Festigkeit von Böschungen und Erdschüttungen beeinflussen. Ztschr. d. Intern. Ständ. Verbandes Schiffahrtskongresse 12, S. 23.

TAYLOR/LEPS (1939) A comparison of results of direct shear and cylindrical compression tests. Proc.ASTM 1939.

PETERMANN (1939) Zusammenhang zwischen Scherverschiebung, Dichte und Scherwiderstand bei nichtbindigen Böden. Deutsche Wasserwirtschaft 34, S. 441.

FIDLER (1938) A machine for determining the shearing of soils. Record of the Proc. Conf. on Soils and Found., Corps of Engineers, US Army, Boston.

FIDLER (1940) Investigation of stress-strain relationships of granular soils by a new cylindrical compression apparatus. Massachusetts Institute of Technology. Unpublished.

CASAGRANDE (1940-44) Reports on co-operative research on stress, deformation and strength characteristics of soils. Harvard University. Unpublished.

CASAGRANDE/FADUM (1940) Notes on soil testing for engineering purposes. Harvard University, Soil Mech. Series No. 8.

TAYLOR (1942) Shear investigation of granular soils. Master of Science Thesis, Department of Civil and Sanitary Engineering, Massachusetts Institute of Technology.

TERZAGHI (1943) Theoretical soil mechanics. Wiley & Sons New York.

CHEN (1944) Stress-deformation and strength characteristics of cohesionless soils. Doctor of Science Thesis. Harvard University.

BERNATZIK (1947) Baugrund und Physik. Zürich.

TERZAGHI (1947) Theoretical soil mechanics. New York.

KASTNER (1947) Betrachtungen zur Mohrschen Theorie der
    Bruchgefahr. Österr. Ing. Archiv 2, S. 298.

BISHOP (1948) A large shear box for testing sands and
    gravels. Proc. II. Int. Conf. Soil Mech. Found. Eng.
    Rotterdam, Bd. I, S. 207.

TAYLOR (1948) Fundamentals of soil mechanics. Wiley & Sons
    New York.

LEUSSINK (1948) Versuche über die Formänderung von größe-
    ren Bodenkörpern in ungestörter Lagerung bei Scherbean-
    spruchung. Abhandlg. ü. Bodenmech. u. Grundbau.
    Berlin-Bielefeld-Detmold, S. 72.

CASAGRANDE/SHANNON (1948) Stress-deformation and strength
    characteristics of soils under dynamic loads. Proc. II.
    Int. Conf. Soil Mech. Found. Eng. Rotterdam, Bd. V,
    Paper II, S. 29.

TERZAGHI/PECK (1948) Soil mechanics in engineering prac-
    tice. Wiley & Sons New York.

PROCTOR (1948) Construction and operational details for a
    simple machine to test soils in double shear. Proc. II.
    Int. Conf. Soil Mech. Found. Eng. Rotterdam, Bd. VII,
    S. 61.

MACNELL (1948) The shearing resistance of soils as deter-
    mined by direct shear tests at a constant rate of strain.
    Proc. II. Int. Conf. Soil Mech. Found. Eng. Rotterdam,
    Bd. I, S. 211.

HAEFELI (1948) Shearing strength and equilibrium of soils
    shearing strength and water content, a completement to
    the shearing theory. Proc. II. Int. Conf. Soil Mech.
    Found. Eng. Rotterdam, Bd. III, S. 38.

GEUZE (1948) Compression, an important factor in shearing
    tests. Proc. II. Int. Conf. Soil Mech. Found. Eng.
    Rotterdam, Bd. III, S. 139.

CHEN (1948) An investigation of stress-strain and strength
    characteristics of cohesionless soils by triaxial com-
    pression tests. Proc. II. Int. Conf. Soil Mech. Found.
    Eng. Rotterdam, Bd. V, S. 35.

BISHOP/ELDIN (1950) Undrained triaxial tests on saturated
    sands and their significance in the general theory of
    shear strength. Géotechnique 2, S. 13.

SKEMPTON/BISHOP (1950) The measurement of the shear
    strength of soils. Géotechnique 2, S. 90.

BOWDEN/TABOR (1950) The friction and lubrication of
    solids. Oxford University Press London.

LAMBE (1951) Soil testing for engineers. Wiley & Sons
   New York.

HABIB/MARCHAND (1951) L'essai de cisaillement réctiligne.
   Annales d'Institut Technique du Bâtiment et des Tra-
   vaux Publics. No. 195, S. 14.

BISHOP (1953) The effect of stress history on the relation
   between φ and the porosity in sand. Proc. III. Int.
   Conf. Soil Mech. Found. Eng. Zürich, Bd. I, S. 100.

CASAGRANDE/WILSON (1953) Prestress induced in consolidated
   quick triaxial tests. Proc. III. Int. Conf. Soil Mech.
   Found. Eng. Zürich, Bd. I, S. 126.

GIBSON (1953) Experimental determination of the true
   cohesion and true angle of internal friction in clays.
   Proc. III. Int. Conf. Soil Mech. Found. Eng. Zürich,
   Bd. I, S. 131.

HABIB (1953) Influence de la variation de la contrainte
   principale moyenne sur la résistance au cisaillement
   des sols. Proc. III. Int. Conf. Soil Mech. Found. Eng.
   Zürich, Bd. I, S. 131.

HOFFMAN/SACHS (1953) Introduction to the theory of
   plasticity for engineers. McGraw-Hill New York.

PETERMANN (1953) Die innere Verformung als Festigkeits-
   merkmal von Sand. Mitt. Franzius-Inst. TH Hannover, H.3,
   S. 153.

SCHULTZE (1953) Large scale shear tests. Proc. IV. Int.
   Conf. Soil Mech. Found. Eng. London, Bd. I, S. 193.

DIN 1054 (1953): Gründungen. Zulässige Belastung des Baugrundes. Richtlinien.

ROSCOE (1953) An apparatus for the application of simple
   shear to soil samples. Proc. III. Int. Conf. Soil
   Mech. Found. Eng. Eng. Zürich, Bd. I, S. 186.

BJERRUM (1954) Theoretical and experimental investigation
   on the shear strength of soils. Publ. Norw. Geot. Inst.
   No. 5.

ROWE (1954) A stress-strain theory for cohesionless soil
   with applications to earth pressure at rest and
   moving walls. Géotechnique 4, S. 70.

MALISHEV (1954) Concerning the determination of the
   limiting angle of internal friction and cohesion in a
   soil. Izv. Akad. Nauk, Otdel. Tekh. Nauk, S. 122.

SKEMPTON (1954) The pore pressure coefficients A and B.
   Géotechnique Vol. IV, No. 4.

OHDE (1955) Über den Gleitwiderstand der Erdstoffe. Veröff. Forsch. Anst. Wasser- und Grundbau Berlin, No. 6.

KJELLMAN/JAKOBSON (1955) Some relations between stress and
strain in coarse-grained cohesionless materials. Proc.
Swed. Geot. Inst. Nr. 9.

HOLTZ/GIBBS (1956) Triaxial shear tests on pervious
gravelly soils. Jour. Soil Mech. and Found. Div. SM 1,
Pap. 867, Proc. ASCE 82.

KIRKPATRIK (1957) The condition of failure for sands. Proc.
IV. Int. Conf. Soil Mech. Found. Eng. London, Bd. I,
S. 172.
WHITMAN (1957) The behaviour of soils under transient
loadings. Proc. IV. Int. Conf. Soil Mech. Found. Eng.
London, Bd. I, S. 207.

PELTIER (1957) Recherches expérimentales sur la courbe
intrinsèque de rupture des sols pulvérulents. Proc.
IV. Int. Conf. Soil Mech. Found. Eng. London, Bd. I,
S. 179.

BISHOP/HENKEL (1957) The measurement of soil properties in
the triaxial test. Edward Arnold Ltd. London.

SCHUBERT (1958/59) Einfluß von Lagerungsdichte und Normalspannung auf die Scherfestigkeit von Sand. Wissensch.
Ztschr. Hochschule für Bauwesen Cottbus, 2, S. 149.

KEZDI (1959) Bodenmechanik. Budapest.

TABOR (1959) Junction growth in metallic friction. Proc.
Roy. Soc. A., 251, S. 378.

THURSTON/DERESIEWICZ (1959) Analysis of a compression
test of a model of a granular medium. J. App. Mech.,
26, Trans. ASME 81, S. 251.

KLUGAR (1959) Die Bestimmung des Winkels der inneren Reibung von grobkörnigen Böden und Schüttungen bis 50 mm
Korndurchmesser. Bauingenieur 34, S. 255.

IDEL (1960) Die Scherfestigkeit rolliger Erdstoffe. Veröff. Inst. Bodenmech. u. Grundbau TH Karlsruhe, H. 2.

LADANYI (1960) Étude des relations entre les contraintes
et les déformations lors du cisaillement des sols
pulvérulents. Ann. Trav. Publ. Belg., S. 105.

SMOLTCZYK (1960) Untersuchung eines Sandes in einem groß-
formatigen Kastenschergerät. Der Bauingenieur 35,
S. 162.
HAYTHORNTHWAITE (1960) Mechanics of triaxial tests for
soils. Proc. ASCE 86, SM 5, S. 35.

BRINCH HANSEN/ LUNDGREN (1960) Hauptprobleme der Bodenmechanik. Springer-Verlag Berlin-Göttingen-Heidelberg.

POTYONDY (1961) Skin friction between various soils and construction materials. Géotechnique 11, S. 339.

BJERRUM/KUMMENEJE (1961) Shearing resistance of sand samples with circular and rectangular cross sections. Publ. Norw. Geot. Inst. No. 44.

POOROOSSHASB/ROSCOE (1961) The correlation of the results of shear tests with varying degrees of dilatation. Proc. V. Int. Conf. Soil Mech. Found. Eng. Paris, Bd. I, S. 297.

LAMBE (1964) Methods of estimating settlement. Proc. ASCE 90, SM 5, S. 43.

HORN (1964) Die Scherfestigkeit von Schluff. Forschungsberichte d. Landes Nordrhein-Westfalen Nr. 1346.

NEUFFER/LEIBNITZ (1964) Über den Gleitwiderstand zwischen Erdstoffen und Bauwerksflächen. Kurzbericht von ENDERS in Berichte aus der Bauforschung H. 37, S. 49.

WITTKE (1962) Über die Scherfestigkeit rolliger Erdstoffe. Veröff. Inst. Bodenmech. u. Grundbau TH Karlsruhe, H. 11.

CORNFORTH (1964) Some experiments on the influence of strain conditions on the strength of sand. Géotechnique 14, S. 143.

DE BEER (1965) The scale effect on the phenomenon of progressive rupture in cohesionless soils. Proc. VI. Int. Conf. Soil Mech. Found. Eng. Montreal, Bd. II, S. 13.

FAROUKI/WINTERKORN (1964) Mechanical properties of granular systems. Princeton Soil Eng. Research Series No.1.

MOGAMI (1964) A statistical approach to the mechanics of granular materials. Soil and Foundation (Tokio) 5, No. 2.

BROMS/JAMAL (1965) Analysis of the triaxial test – Cohesionless soils. Proc. VI. Int. Conf. Soil Mech. Found. Eng. Montreal, Bd. I, S. 184.

DE BEER (1965) Influence of the mean normal stress on the shearing strength of sand. Proc. VI. Int. Conf. Soil Mech. Found. Eng. Montreal, Bd. I, S. 165.

HERBST/WINTERKORN (1965) Shear phenomena in granular random packings. Princeton Soil Eng. Research Series No. 2.

CAQUOT/KERISEL (1966) Traité de mécanique de sols. Paris.

SCHULTZE/MUHS (1967) Bodenuntersuchungen für Ingenieurbauten. 2. Aufl. Springer-Verlag Berlin-Heidelberg-New York.

3. Scherfestigkeit kohäsiver Böden

3.1 Aufgaben

Aufgabe 23 Porenwasserdruckbeiwerte A und B

In einem Gelände, dessen Untergrund aus Ton besteht, soll eine Straße gebaut werden. Die Straße muß auf einem Damm verlaufen, der in einem bestimmten Abschnitt eine Höhe von 4,0 m über Gelände hat. Das Raumgewicht des Schüttmaterials beträgt nach dem Einbau bei optimaler Verdichtung $\gamma = 1,94$ t/m³. Die Porenwasserdruckbeiwerte sind für die zu erwartenden Spannungen nach Laborversuchen:

$$A = 0,60$$
$$B = 0,40$$

Das Verhältnis zwischen den Hauptspannungen σ_1 und σ_3 ist $\sigma_1/\sigma_3 = 3$.

Welchen maximalen Wert wird voraussichtlich der Porenwasserüberdruck im Ton unmittelbar nach der Errichtung des Straßendammes erreichen?

Grundlagen

Beim dreiaxialen Spannungszustand, wie dem dieser Aufgabe oder wie bei jedem nichtentwässerten dreiaxialen Druckversuch mit bindigen Böden, spielen die Porenwasserdrücke eine wichtige Rolle. Die theoretischen Zusammenhänge, die zur Entstehung der Porenwasserdrücke im dreiaxialen Spannungszustand führen, sollen daher vor der Durchsprache der verschiedenen dreiaxialen Druckversuche ausführlich behandelt werden.

Das Bodenelement in Abb. 3.1 wird durch die drei Hauptspannungen σ_1, σ_2 und σ_3 belastet und befindet sich unter diesen Spannungen im Gleichgewicht. In der Bodenprobe herrscht ein Anfangsporenwasserüberdruck von:

$$p_W = \Delta p_{WO}$$

Nun wird das Bodenelement allseitig mit einer gleichmäßigen Spannung $\Delta\sigma_3$ zusätzlich belastet. Der Porenwasserüberdruck beträgt dann unter dieser Belastung:

$$p_w = \Delta p_{wo} + \Delta p_{wb}$$

Die Belastung soll so schnell aufgebracht werden, daß
das Porenwasser unmittelbar nach Aufbringen der Belastung
noch nicht aus den Poren entwichen ist. Dieser Zustand wird
praktisch in jedem UU-Versuch verwirklicht, da bei diesen
Versuchen durch eine versuchstechnische Maßnahme die Entwässerung des Bodens verhindert wird.

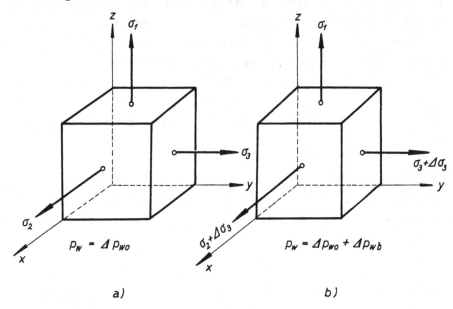

Abb. 3.1   Bodenelement im dreiaxialen Spannungszustand.
$$\sigma_1 = \sigma_2 = \sigma_3$$

Der Porenwasserüberdruck erhöht sich, weil das Porenvo-
lumen unter der zusätzlichen Belastung $\Delta\sigma_3$ verringert wird.
Die Änderung des Porenvolumens ist nach einem Ansatz von
SKEMPTON (1954):

$$\Delta V_n = m_n \cdot \Delta p_{wb} \tag{3.1}$$

m_n = Kompressibilität des Porenvolumens unter der all-
     seitigen Belastung $\Delta\sigma_3$.

Der Index b im Ausdruck Δp_{wb} deutet an, daß es sich um
einen Porenwasserüberdruck aus einer allseitig gleich
großen Belastung $\Delta\sigma_3$ handelt.

Die Zusammendrückung des Bodens wird durch die wirksame

Spannung:

$$\Delta \sigma_3 - \Delta p_{wb} \qquad (3.2)$$

hervorgerufen.

Nur die wirksame Spannung allein kann die Lage der einzelnen Bodenpartikel zueinander verändern und dadurch eine
Veränderung des Porenvolumens hervorrufen. Diese Änderung
ist:

$$\Delta V_s = 3m_c \left(\Delta \sigma_3 - \Delta p_{wb}\right) \qquad (3.3)$$

m_c = Kompressibilität, ausgedrückt als Zusammendrückung
pro Volumeneinheit je Einheit der Zunahme der wirksamen Spannungen in einer der Hauptspannungsebenen.

Geht man davon aus, daß die Feststoffe des Bodens ihre
Gestalt während der Belastung nicht verändern, so müssen
die beiden Volumenänderungen gleich groß sein:

$$\Delta V_n = \Delta V_s \qquad (3.4)$$

oder:

$$\Delta p_{wb} = \Delta \sigma_3 \cdot \frac{1}{1 + \frac{1}{3} \cdot \frac{m_n}{m_c}} \qquad (3.5)$$

oder:

$$\Delta p_{wb} = \Delta \sigma_3 \cdot B \qquad (3.6)$$

mit:

$$B = \frac{1}{1 + \frac{1}{3} \cdot \frac{m_n}{m_c}}$$

Für den gesättigten Boden bedeutet m_n die Kompressibilität des Wassers. Dieser Wert ist sehr klein, verglichen mit
dem Wert m_c, so daß der Porenwasserdruckbeiwert B bei gesättigten Böden gleich 1 gesetzt werden kann.

Bei ungesättigten Böden ist die Kompressibilität der
Porenluft beträchtlich, und B wird kleiner als 1. Der Porenwasserdruckbeiwert B ist mit dem Sättigungsgrad s_w des Bodens veränderlich. Abb. 3.25 zeigt diese Abhängigkeit des
Porenwasserdruckbeiwertes B vom Sättigungsgrad s_w des Bodens.

Wenn die Bodenprobe zunächst unter den Spannungen steht,
die in Abb. 3.1 a dargestellt sind, und dann in vertikaler

Richtung zusätzlich mit einer Spannung $\Delta\sigma_1$ belastet wird,
Abb. 3.2, so wird sich der Porenwasserüberdruck um den Anteil Δp_{wa} erhöhen. Der Index a deutet an, daß es sich um
einen Porenwasserüberdruck handelt, der durch die Deviatorspannung $(\sigma_1 + \Delta\sigma_1 - \sigma_3)$ hervorgerufen wird.

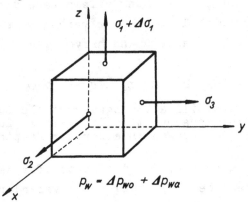

$$p_W = \Delta p_{wo} + \Delta p_{wa}$$

Abb. 3.2 Bodenelement im dreiaxialen Spannungszustand.
$$\sigma_1 > \sigma_2 = \sigma_3$$

Auch bei diesem Modell wird davon ausgegangen, daß das
Bodenelement nicht entwässern kann. Die wirksame Spannung
in der z-Richtung nimmt unter der zusätzlichen Spannung $\Delta\sigma_1$
zu. Die Zunahme beträgt:

$$\Delta\sigma_1 - \Delta p_{wa} \tag{3.7}$$

In der x-Richtung und y-Richtung nehmen die wirksamen
Spannungen jedoch um Δp_{wa} ab. Die Zunahme der wirksamen
Spannungen in der z-Richtung ergibt eine Volumenabnahme von:

$$(\Delta V_s)_1 = m_c \cdot (\Delta\sigma_1 - \Delta p_{wa}) \tag{3.8}$$

während die Abnahme der wirksamen Spannungen in den beiden
anderen Richtungen eine Volumenzunahme bewirkt:

$$(\Delta V_s)_2 = 2m_e \cdot \Delta p_{wa} \tag{3.9}$$

m_e = Volumenausdehnung je Einheit der Abnahme der
       wirksamen Spannungen auf einer Hauptspannungsebene.

Ist der Boden wassergesättigt, so ist die Volumenänderung, wenn keine Entwässerung zugelassen ist, gleich Null,
und man erhält:

$$(\Delta V_s)_1 = (\Delta V_s)_2 = m_c (\Delta\sigma_1 - \Delta p_{wa}) = 2 m_c \cdot \Delta p_{wa} \tag{3.10}$$

Aus der Gl. (3.10) ergibt sich:

$$\Delta p_{wa} = \frac{1}{1 + 2 \cdot \frac{m_e}{m_c}} \cdot \Delta \sigma_1 \qquad (3.11)$$

oder:
$$\Delta p_{wa} = A \cdot \Delta \sigma_1 \qquad (3.12)$$

mit:
$$A = \frac{1}{1 + 2 \cdot \frac{m_e}{m_c}}$$

Der Porenwasserüberdruck hängt also von der Kompressibilität und der Dehnungsfähigkeit des Bodens ab. Alle weichen Tone zum Beispiel haben eine große Kompressibilität und eine geringe Dehnungsfähigkeit. Für diese Tone wird der Porenwasserdruckbeiwert A annähernd gleich 1. Bei steifen und harten Tonen wird der Beiwert A hingegen sehr klein, da die Kompressibilität dieser Böden sehr klein ist.

Aus der Gl. (3.12) ersieht man außerdem, daß der Porenwasserdruckbeiwert A gleich 1 werden muß, wenn m_e = 0 ist. Das heißt, der Porenwasserdruckbeiwert A ist gleich 1, wenn der belastete Boden in lateraler Richtung keine Formänderung erleidet.

Wenn der Boden nicht wassergesättigt ist, so ändert sich unter der zusätzlichen Spannung $\Delta \sigma_1$ das Volumen, da sich die Porenluft zusammendrückt. Die Änderung beträgt:

$$\Delta V_n = m_n \cdot \Delta p_{wa} \qquad (3.13)$$

Der Unterschied zwischen der Zusammendrückung und Ausdehnung muß die Größe der Volumenänderung ΔV_n haben. Es ist also:

$$m_c \cdot (\Delta \sigma_1 - \Delta p_{wa}) - 2m_e \cdot \Delta p_{wa} = m_n \cdot \Delta p_{wa} \qquad (3.14)$$

oder:
$$\Delta p_{wa} = \frac{1}{1 + \frac{m_n}{m_c} + 2 \cdot \frac{m_e}{m_c}} \cdot \Delta \sigma_1 \qquad (3.15)$$

Das Produkt der beiden Porenwasserdruckbeiwerte A und B ist:

$$A \cdot B = \cfrac{1}{1 + \cfrac{m_n}{m_c} \cdot \left[\cfrac{(m_c + 2m_e)}{3\,m_c} \right] + 2 \cdot \cfrac{m_e}{m_c}} \qquad (3.16)$$

In der Gl. (3.16) kann der Ausdruck:

$$\frac{m_c + 2 \cdot m_e}{3\,m_c}$$

wegen seiner Nähe zu 1 gleich 1 gesetzt werden, und man erhält:

$$A \cdot B = \cfrac{1}{1 + \cfrac{m_n}{m_c} + 2 \cdot \cfrac{m_e}{m_c}} \qquad (3.17)$$

Somit kann die Gl. (3.15) auch geschrieben werden:

$$\Delta p_{wa} = A \cdot B \cdot \Delta \sigma_1 \qquad (3.18)$$

In der Tab. 3.3 und in Abb. 3.26 sind die Porenwasserdruckbeiwerte A der hauptsächlichen Bodenarten angegeben.

Durch Superposition der beiden besprochenen Spannungszustände erhält man schließlich die Größe des Porenwasserüberdruckes bei gleichzeitiger Spannungsänderung $\Delta \sigma_1$ und $\Delta \sigma_3$. Es ist:

$$\Delta p_w = \Delta p_{wa} + \Delta p_{wb} = B \cdot \Delta \sigma_3 + A \cdot B \cdot (\Delta \sigma_1 - \Delta \sigma_3) \qquad (3.19)$$

Die Porenwasserdruckbeiwerte können im Laboratorium experimentell bestimmt werden. Versuche von GIBSON/MARSLAND (1960) und LAMBE (1962) sowie Messungen von Porenwasserdrücken unter Bauwerksfundamenten und in Erdschüttungen zeigen eine gute Übereinstimmung der gemessenen und der theoretischen Porenwasserdruckbeiwerte. Mit der Gl.(3.19) läßt sich der Porenwasserüberdruck in schwer entwässerbaren bindigen Böden unmittelbar nach der Belastung annähernd bestimmen.

Lösung

Mit A = 0,6 und B = 0,4 ist nach Gl. (3.19):

$$\Delta p_w = 0,4 \cdot 1,94 \cdot 4,0 \cdot \frac{1}{3} + 0,6 \cdot 0,4 \cdot \frac{2}{3} \cdot 1,94 \cdot 4,0$$

$$\Delta p_w = 1,03 + 1,24 = 2,27 \; t/m^2 = 0,23 \; kg/cm^2$$

Der Porenwasserüberdruck wird also voraussichtlich:

$$\Delta p_W = 0{,}23 \ kg/cm^2 \ \text{betragen.}$$

Ergebnisse

Wenn der Boden, wie es beim Kompressionsversuch der Fall
ist, seitlich nicht ausweichen kann, so ist der Porenwasserüberdruck eines gesättigten bindigen Bodens im nichtentwässerten Zustand exakt gleich der aufgebrachten Spannung:

$$\Delta \sigma_1 = 1{,}94 \cdot 4{,}0 = 7{,}76 \ t/m^2 = 0{,}78 \ kg/cm^2$$

Wenn hingegen der Boden, wie in diesem Beispiel gezeigt,
auch in lateraler Richtung verformbar ist und wenn die
Deviatorspannung $(\sigma_1 - \sigma_3) > 0$ ist, so wird der Porenwasserüberdruck abgemindert. Im Beispiel dieser Aufgabe beträgt
die Abminderung etwa 70 % des maximal möglichen Porenwasserüberdruckes.

Die Abb. 3.25 und 3.26 zeigen, daß die Porenwasserüberdrücke um so kleiner werden, je größer der Grad der Überkonsolidierung σ_V'/σ' und je kleiner der Sättigungsgrad s_W ist.
Bei einem Sättigungsgrad von etwa $s_W = 70$ % und einem Grad
der Überkonsolidierung von etwa $\sigma_V'/\sigma' = 4$ ist für viele Böden
unabhängig von der Deviatorspannung der Porenwasserüberdruck annähernd gleich Null.

Bei der Herstellung von Dämmen ist, wie später noch gezeigt werden wird, der Sättigungsgrad s_W jedoch fast immer
größer als 70 %, wenn der Boden optimal verdichtet wird,
das heißt, daß mit Porenwasserüberdrücken während und im
engeren Zeitraum nach der Herstellung eines Dammes allein
aus dieser Tatsache gerechnet werden muß.

Aufgabe 24   Bestimmung der Kohäsion c_u und des Reibungswinkels ϱ_u aus UU-Versuchen mit einem wassergesättigten sandigen Ton

Für einen sandigen Ton soll die Scherfestigkeit festgestellt werden. Die örtlichen Umstände lassen erwarten, daß

der Ton unter den vorgesehenen Belastungen nur sehr schwer
entwässern kann, daher wird die Scherfestigkeit im unent-
wässerten Zustand durch UU-Versuche ermittelt. Es wurden
zwei UU-Versuche durchgeführt, deren Ergebnisse in Abb.3.3
und Abb. 3.4 dargestellt sind. Der Boden war in beiden Versuchen wassergesättigt.

Wie groß ist die Kohäsion c_u des sandigen Tones, wenn
keine Entwässerung möglich ist?

Wie groß ist bei wassergesättigten bindigen Böden der
Reibungswinkel φ_u ?

Grundlagen

Wenn in einem UU-Versuch eine Bodenprobe in vertikaler
Richtung mit einer Spannung σ_1 und in lateraler Richtung mit
einer Spannung σ_3 belastet wird, so ist der Porenwasserüberdruck nach Gl. (3.19):

$$p_W = B \cdot \sigma_3 + A \cdot B \cdot (\sigma_1 - \sigma_3) \qquad (kg/cm^2)$$

Wenn alle Hauptspannungen gleich groß sind, so ist:

$$p_W = B \cdot \sigma_3 \qquad (kg/cm^2) \quad (3.20)$$

Die wirksamen Spannungen sind also:

$$\sigma' = \sigma_0' + (\sigma_3 - B \cdot \sigma_3) \qquad (kg/cm^2) \quad (3.21)$$

σ_0' = wirksame Spannungen in der Bodenprobe vor der
        Aufbringung der allseitigen Spannung σ_3 .

Im wassergesättigten Boden ist der Porenwasserdruckbeiwert B = 1. Nach Gl. (3.21) wird also die wirksame Spannung σ' nicht verändert, wenn eine allseitig gleich große
Spannung σ_3 aufgebracht wird.

Da der Hauptspannungsunterschied $(\sigma_1' - \sigma_3')$ der wirksamen
Spannungen die gleiche Größe hat wie der Hauptspannungsunterschied der gesamten Spannungen $(\sigma_1 - \sigma_3)$, ist für wassergesättigte Böden der Durchmesser des Mohrschen Spannungskreises unabhängig von der Größe der Hauptspannung σ_3.
Eine Erhöhung der Hauptspannung σ_3 wird vollkommen vom Po-

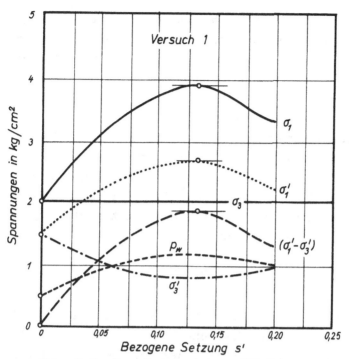

Abb. 3.3 Ergebnisse eines UU-Versuches mit einem sandigen Ton. s_w= 100 %.

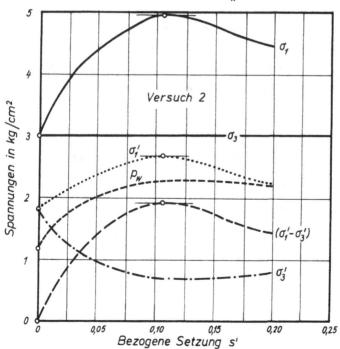

Abb. 3.4 Ergebnisse eines UU-Versuches mit einem sandigen Ton. s_w = 100 %.

renwasser aufgenommen und bewirkt keine Vergrößerung der
Scherfestigkeit des Bodens, die Schergerade muß daher annähernd horizontal verlaufen. Auch müssen alle Mohrschen
Kreise für die wirksamen Spannungen in einem Kreis zusam-
menfallen.

Der Schnittpunkt der Schergeraden mit der lotrechten Koordinatenachse gibt die Größe der Scherfestigkeit an, die
bei einem UU-Versuch allein von der Kohäsion des Bodens ge-
bildet wird. Sie wird durch das Symbol c_u ausgedrückt. Der
Index u deutet an, daß es sich um eine Kohäsion aus einem
UU-Versuch handelt. Es ist:

$$c_u = \frac{\sigma_1 - \sigma_3}{2} \qquad (\text{kg/cm}^2) \qquad (3.22)$$

Mit den Ergebnissen der beiden UU-Versuche (Abb. 3.3 und
Abb. 3.4) können zwei Mohrsche Kreise für die gesamten
Spannungen gezeichnet werden. Aus dem Hauptspannungsunter-
schied kann die Kohäsion c_u des Bodens errechnet werden.

Die Kohäsion c_u ist ausschließlich von der wirksamen
Spannung abhängig, die vor der Versuchsdurchführung im Boden vorhanden gewesen ist. Sie ist eine Funktion der Boden-
struktur und der Porenziffer auf der Scherebene.

Lösung

Aus dem Versuch 1 (Abb. 3.3) erhält man im Bruchzustand:

$$\sigma_1 = 3{,}90 \ \text{kg/cm}^2 \qquad \sigma_1' = 2{,}65 \ \text{kg/cm}^2$$

$$\sigma_3 = 2{,}00 \ \text{kg/cm}^2 \qquad \sigma_3' = 0{,}80 \ \text{kg/cm}^2$$

$$(\sigma_1' - \sigma_3') = 1{,}85 \ \text{kg/cm}^2$$

Aus dem Versuch 2 (Abb. 3.4) erhält man im Bruchzustand:

$$\sigma_1 = 4{,}95 \ \text{kg/cm}^2 \qquad \sigma_1' = 2{,}65 \ \text{kg/cm}^2$$

$$\sigma_3 = 3{,}00 \ \text{kg/cm}^2 \qquad \sigma_3' = 0{,}75 \ \text{kg/cm}^2$$

$$(\sigma_1' - \sigma_3') = 1{,}90 \ \text{kg/cm}^2$$

Mit diesen Werten werden die Spannungskreise für die ge- ·
samten Spannungen und die wirksamen Spannungen gezeichnet
(Abb. 3.5).

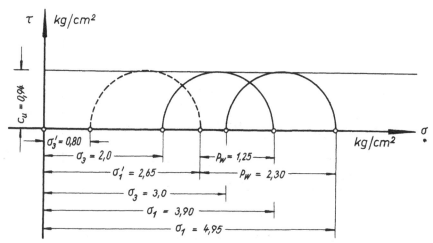

Abb. 3.5 Mohrsche Spannungskreise für gesamte und
          wirksame Spannungen aus UU-Versuchen.

Der Reibungswinkel ϱ_u ist gleich Null.
Die Kohäsion c_u ist nach Gl. (3.22):

$$c_u = \frac{(\sigma_1' - \sigma_3')_{mittel}}{2} = \frac{1,87}{2} = 0,94 \ kg/cm^2$$

Aufgabe 25   Bestimmung der Kohäsion c' und c_u und der Reibungswinkel ϱ' und ϱ_u aus UU-Versuchen mit einem ungesättigten sandigen Ton

Für einen sandigen Ton soll die Scherfestigkeit festgestellt werden. Die örtlichen Verhältnisse lassen erwarten,
daß der Ton unter der vorgesehenen Belastung nur schwer
entwässern kann, daher wird die Scherfestigkeit im unent-
wässerten Zustand durch UU-Versuche ermittelt. Es wurden
drei UU-Versuche durchgeführt, deren Ergebnisse in den
Abb. 3.6, 3.7 und 3.8 dargestellt sind. Der Sättigungsgrad
betrug bei allen drei Versuchen s_w = 90 %.
Wie groß sind die Kohäsion c' und c_u und die Reibungs-

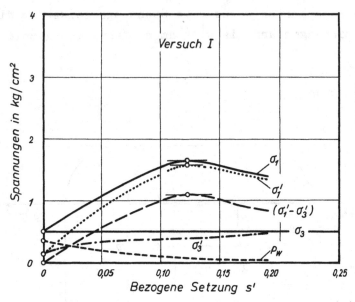

Abb. 3.6   Ergebnisse des UU-Versuches (I)
mit sandigem Ton, s_w = 90 %.

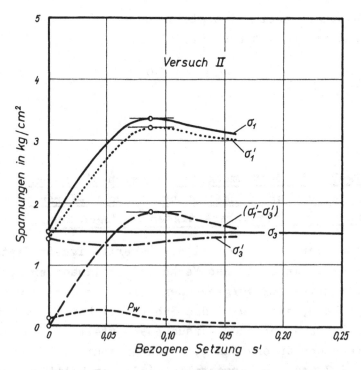

Abb. 3.7   Ergebnisse des UU-Versuches (II)
mit sandigem Ton, s_w = 90 %.

winkel ϱ' und ϱ_u des Tones, wenn keine Entwässerung möglich
ist?

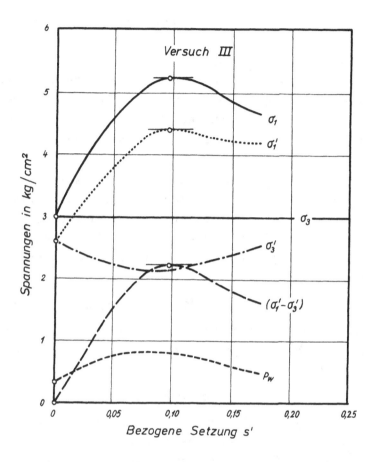

Abb. 3.8 Ergebnisse des UU-Versuches (III) mit
          einem sandigen Ton, $s_w = 90$ %.

Grundlagen

Wenn der Boden nicht gesättigt ist, so ist der Porenwasserdruckbeiwert in der Gl. (3.19) kleiner als 1, und die
wirksame Spannung im Boden vor Aufbringung der Deviatorspannung ist von der allseitigen Konsolidierungsspannung
abhängig. Je größer die allseitige Konsolidierungsspannung
gewählt wird, um so größer wird auch die wirksame Spannung
werden, da sich die Porenluft zusammendrücken läßt, ohne
daß eine Entwässerung stattfindet. Die Scherfestigkeit, die
nur von der wirksamen Spannung beeinflußt wird, wird also

um so größer sein, je größer die allseitige Konsolidierungsspannung ist.

Man kann die Konsolidierungsspannung so groß wählen, daß
sich die gesamte Porenluft im Porenwasser auflöst. Wenn
dieser Zustand erreicht ist, wird B = 1, und für jede höhere
Spannung werden die Spannungskreise für gesamte und wirksame Spannungen den gleichen Durchmesser haben. Die Scherkurve wird bei diesen Spannungen ebenfalls horizontal verlaufen, wie schon für gesättigte Böden beschrieben wurde.

Bei ungesättigten Böden verläuft die Scherkurve, die man
aus UU-Versuchen erhält, nicht geradlinig. Es ist üblich,
die Scherkurve in dem interessierenden Bereich durch eine
Gerade anzunähern und für diese Gerade die Kohäsion c_u und
den Reibungswinkel ϱ_u zu bestimmen. Es ist in gesamten
Spannungen:

$$\tau = c_u + \sigma \cdot tg\,\varrho_u \qquad (kg/cm^2) \qquad (3.23)$$

Wenn die Porenwasserdrücke im Versuch gemessen wurden,
läßt sich die Scherfestigkeit auch für die wirksamen Spannungen angeben:

$$\tau = c' + \sigma' \cdot tg\,\varrho' \qquad (kg/cm^2) \qquad (3.24)$$

Wenn alle aufgebrachten äußeren Spannungen σ_1 und σ_3 sich
voll in wirksame Spannungen umsetzen könnten, wenn also
keine Porenwasserdrücke entstehen würden, so müßte die
Scherfestigkeit größer sein als die, die sich bei einem
UU-Versuch ergibt. Dieser Unterschied wird bei der Auswertung der Versuchsergebnisse dieser Aufgabe auch deutlich
hervortreten.

Mit den Gl. (3.23) und (3.24) können die Reibungswinkel
ϱ' und ϱ_u bestimmt werden. Die Spannungen und die Kohäsion
dafür werden dem Mohrschen Spannungskreis entnommen.

Lösung

Der Abb. 3.6 entnimmt man für den UU-Versuch I im Bruchzustand:

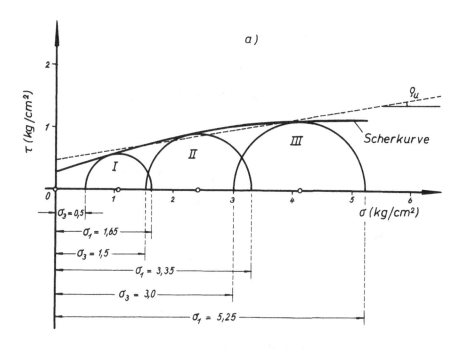

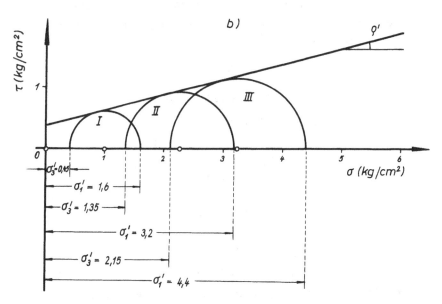

Abb. 3.9   Mohrsche Spannungskreise aus den UU-Ver-
           suchen der Abb. 3.6, 3.7 und 3.8.

           a)   Für gesamte Spannungen
           b)   Für wirksame Spannungen

$$\sigma_1 = 1,65 \text{ kg/cm}^2 \qquad \sigma_1' = 1,60 \text{ kg/cm}^2$$

$$\sigma_3 = 0,50 \text{ kg/cm}^2 \qquad \sigma_3' = 0,45 \text{ kg/cm}^2$$

$$\sigma_1' - \sigma_3' = \sigma_1 - \sigma_3 = 1,15 \text{ kg/cm}^2$$

Der Abb. 3.7 entnimmt man für den UU-Versuch II im Bruchzustand:

$$\sigma_1 = 3,35 \text{ kg/cm}^2 \qquad \sigma_1' = 3,20 \text{ kg/cm}^2$$

$$\sigma_3 = 1,50 \text{ kg/cm}^2 \qquad \sigma_3' = 1,35 \text{ kg/cm}^2$$

$$\sigma_1' - \sigma_3' = \sigma_1 - \sigma_3 = 1,85 \text{ kg/cm}^2$$

Der Abb. 3.8 entnimmt man für den UU-Versuch III im Bruchzustand:

$$\sigma_1 = 5,25 \text{ kg/cm}^2 \qquad \sigma_1' = 4,40 \text{ kg/cm}^2$$

$$\sigma_3 = 3,00 \text{ kg/cm}^2 \qquad \sigma_3' = 2,15 \text{ kg/cm}^2$$

$$\sigma_1' - \sigma_3' = \sigma_1 - \sigma_3 = 2,25 \text{ kg/cm}^2$$

Mit diesen Werten sind die Mohrschen Spannungskreise für die gesamten und die wirksamen Spannungen gezeichnet (Abb. 3.9). Der Abb. 3.9a entnimmt man:

$$c_u = 0,5 \text{ kg/cm}^2$$

$$tg\,\varphi_u = 0,21 \qquad \varphi_u = 12^0$$

Der Abb. 3.9b entnimmt man:

$$c' = 0,35 \text{ kg/cm}^2$$

$$tg\,\varphi' = 0,31 \qquad \varphi' = 17^0$$

Ergebnisse

Der Reibungswinkel des UU-Versuches φ_u ist um 5^0 kleiner als der wirksame Reibungswinkel φ' . Die Kohäsion c' hingegen nimmt beim entwässerten Boden in den meisten Fällen leicht ab. Die Scherfestigkeit von Böden, die nicht entwässern können, liegt merklich niedriger als die jener Böden, bei denen sich die aufgebrachten Spannungen voll in wirksame Spannungen umsetzen können.

Je geringer der Sättigungsgrad ist, desto größer wird für den gleichen Boden die Scherfestigkeit. Versuche von TAYLOR (1950) zeigen, daß bei hohen Normalspannungen die Scherfestigkeit eines Tones um 50 % zunehmen kann, wenn der Sättigungsgrad von 100 % auf 90 % herabgesetzt wird (siehe Abb. 3.28).

Aufgabe 26 Zylinderdruckfestigkeit q_u, Sensitivität S und Elastizitätsmodul E

Abb. 3.10 zeigt das Ergebnis von zwei dreiaxialen Druckversuchen mit einem Lehm für den Sonderfall, daß $\sigma_3 = 0$ ist (Zylinderdruckversuche). Der Versuch 1 wurde an einer ungestörten und der Versuch 2 an einer gestörten, nicht wassergesättigten Bodenprobe bei gleichem Wassergehalt durchgeführt.

Wie groß sind:

a) Die Zylinderdruckfestigkeit des ungestörten Bodens q_u und die Zylinderdruckfestigkeit des gestörten Bodens q_g?

b) Die Sensitivität S?

c) Der Elastizitätsmodul E der ungestörten und der gestörten Bodenprobe?

Grundlagen

Dreiaxiale Druckversuche, bei denen die kleinere Hauptspannung $\sigma_3 = 0$ gewählt wird, werden Zylinderdruckversuche (englisch: Unconfined compression tests) genannt. Bei der Darstellung der Ergebnisse eines Zylinderdruckversuches im Mohrschen Spannungskreis muß also der Kreis stets durch den Koordinatennullpunkt gehen. Die Hauptspannung σ_1 , bei der der Bruch der Bodenprobe eintritt, wird Zylinderdruckfestigkeit des ungestörten Bodens q_u genannt:

$$q_u = \sigma_1 - \sigma_3 = \sigma_1 \quad (kg/cm^2) \qquad (3.25)$$

Ist der Boden wassergesättigt, so verläuft die Schergerade horizontal, und es ergibt sich die Kohäsion c_u
nach Gl. (3.22) zu:

$$c_u = \frac{\sigma_1 - \sigma_3}{2} = \frac{q_u}{2} \quad (kg/cm^2) \qquad (3.26)$$

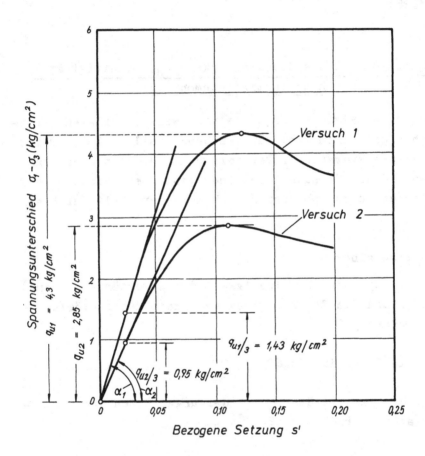

Abb. 3.10 Drucksetzungslinien aus zwei Zylinderdruck-
versuchen.

Versuch 1   Ungestörte Bodenprobe
Versuch 2   Gestörte Bodenprobe

Die Zylinderdruckfestigkeit eines gestörten Bodens wird
mit: $q_g = \sigma_1 \qquad (kg/cm^2) \qquad (3.27)$

bezeichnet. Das Verhältnis der Zylinderdruckfestigkeit
eines ungestörten Bodens zur Zylinderdruckfestigkeit eines

gestörten Bodens wird als Sensitivität oder Empfindlichkeit
bezeichnet:

$$S = \frac{q_u}{q_g} \qquad (3.28)$$

Ein bindiger Boden hat eine geringe Empfindlichkeit,
wenn $1 \leqq S \leqq 2$ ist, eine mittlere Empfindlichkeit, wenn
$2 \leqq S \leqq 4$ ist, und eine hohe Empfindlichkeit, wenn $4 \leqq S \leqq 8$
ist. Wenn S den Wert 8 überschreitet, ist ein Quickton vorhanden. Die Werte von S können bis 1000 reichen. Je höher
die Empfindlichkeit eines Bodens ist, desto geringer wird
sein Scherwiderstand, wenn seine natürlichen mechanischen
Eigenschaften durch Baumaßnahmen gestört werden.

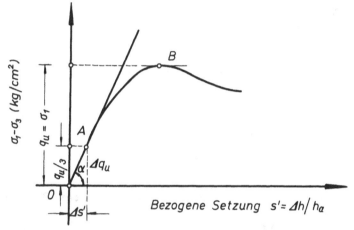

Abb. 3.11 Drucksetzungslinie eines Zylinderdruckversuches.

Der Elastizitätsmodul des Bodens wird aus der Drucksetzungslinie eines Zylinderdruckversuches (Abb. 3.11) bestimmt. Man zieht eine Gerade durch die Punkte O und A,
wobei O den Koordinatennullpunkt und A einen Punkt der Drucksetzungslinie mit der Ordinate $q_u/3$ bedeuten. Der Winkel,
den die Gerade OA mit der waagerechten Koordinatenachse
bildet, wird α genannt, und der Elastizitätsmodul E ist:

$$E = tg\,\alpha = \frac{\Delta q_u}{\Delta s'} \qquad (\text{kg/cm}^2) \qquad (3.29)$$

Im Gegensatz zur Steifezahl E_s (Aufgabe 5), die im Bereich der primären Setzung Gültigkeit hat, findet der Ela-

stizitätsmodul E nur im Bereich der Sofortsetzung Anwendung.
Der Elastizitätsmodul E wird gemäß seiner Entstehung auch
S t e i f e z a h l   b e i   u n b e h i n d e r t e r
S e i t e n d e h n u n g   genannt.

Lösung

a) <u>Zylinderdruckfestigkeiten:</u>

Der Abb. 3.10 entnimmt man für den Bruchzustand:

$$q_u = 4,3 \text{ kg/cm}^2 \quad \text{(Ungestörter Boden)}$$
$$q_g = 2,85 \text{ kg/cm}^2 \quad \text{(Gestörter Boden)}$$

b) <u>Sensitivität:</u>

Mit der Gl. (3.28) ist:

$$S = \frac{q_u}{q_g} = \frac{4,30}{2,85} = 1,51$$

c) <u>Elastizitätsmodul E:</u>

Der Abb. 3.10 entnimmt man:

$$E_1 = tg\,\alpha_1 = \frac{3}{0,05} = 60 \ \text{kg/cm}^2 \quad \text{(Ungestörter Boden)}$$

$$E_2 = tg\,\alpha_2 = \frac{2,1}{0,05} = 42 \ \text{kg/cm}^2 \quad \text{(Gestörter Boden)}$$

Ergebnisse

Die Tab. 3.2 gibt eine Klassifizierung bindiger Böden
in Abhängigkeit von der Zylinderdruckfestigkeit wieder.
Nach dieser Tabelle ist der untersuchte Lehm im ungestörten
Zustand als sehr steif bis hart zu bezeichnen. Seine Sensitivität ist mit S = 1,51 nur gering.

Die Elastizitätsmoduli sind ebenfalls nur gering. Da die
Setzung um so größer wird, je kleiner der Elastizitätsmodul
ist, ist bei dem untersuchten Lehm mit einem überdurch-
schnittlichen Maß an Sofortsetzung zu rechnen. Der Lehm
kann als guter Baugrund bezeichnet werden.

Da die Zylinderdruckfestigkeit mit einer einfachen Appa-
ratur schnell und zuverlässig sowohl im Laboratorium als
auch im Gelände festgestellt werden kann, findet sie häufig
ihre Anwendung, insbesondere bei der Bestimmung der veränderlichen Scherfestigkeiten an verschiedenen Orten und in
verschiedenen Tiefen innerhalb eines Baugeländes. Wenn die
Zonen gleicher Zylinderdruckfestigkeiten auf diese Weise
bestimmt sind, können die Reibungswinkel und Kohäsionen im
dreiaxialen Druckversuch für jede Zone ermittelt werden,
wodurch eine erhebliche Arbeitsersparnis gegeben ist.

Aufgabe 27   Bestimmung des wirksamen Reibungswinkels ϱ' und der wirksamen Kohäsion c' aus CU-Versuchen mit einem wassergesättigten Lehm

Die Abb. 3.12 bis 3.15 zeigen die Versuchsergebnisse von
vier CU-Versuchen mit einem wassergesättigten Lehm. Bei jedem Versuch wurden die Porenwasserdrücke gemessen. Die Vorbelastung des Lehmes wurde mit $\sigma_v = 1,8$ kg/cm^2 ermittelt.
Die Bodenproben wurden im ungestörten Zustand untersucht.

Wie groß sind im Bereich des überkonsolidierten Lehmes
$(1,0 - 2,0$ kg/cm$^2)$ und im Bereich des normal konsolidierten
Lehmes $(>2,0$ kg/cm$^2)$:

a)   Der wirksame Reibungswinkel ϱ' ?
b)   Der scheinbare Reibungswinkel ϱ_{cu}?
c)   Die wirksame Kohäsion c'?
d)   Die scheinbare Kohäsion c_{cu}?

Grundlagen

Beim CU-Versuch wird eine Bodenprobe in der Versuchs-
phase I allseitig mit einem Druck $\sigma_c = \sigma_3$ so lange belastet,
bis die Bodenprobe vollkommen konsolidiert ist. In der Versuchsphase II wird die Entwässerung geschlossen und die Bodenprobe vertikal so lange belastet, bis der Bruch der Probe
eintritt. Wenn die Konsolidierungsspannung $\sigma_c = \sigma_3$ bei Beginn
der Versuchsphase II höher ist als jeder Druck σ_v, unter dem

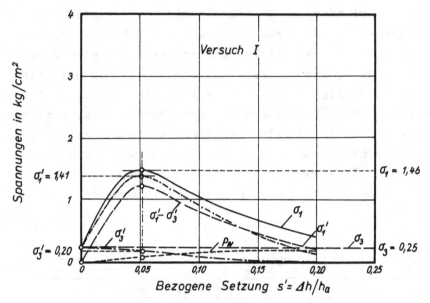

Abb. 3.12 Ergebnisse eines CU-Versuches
mit einem gesättigten Lehm. Versuch I.

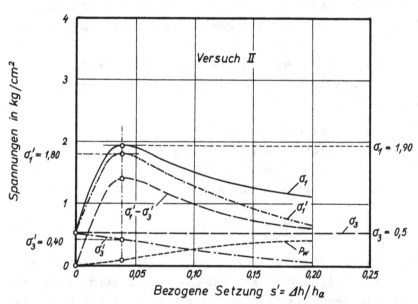

Abb. 3.13 Ergebnisse eines CU-Versuches
mit einem gesättigten Lehm. Versuch II.

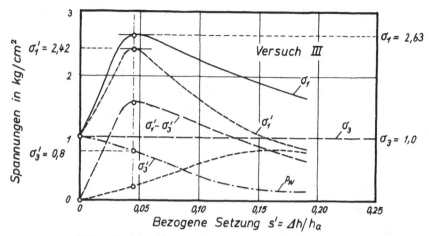

Abb. 3.14 Ergebnisse eines CU-Versuches
mit einem gesättigten Lehm. Versuch III.

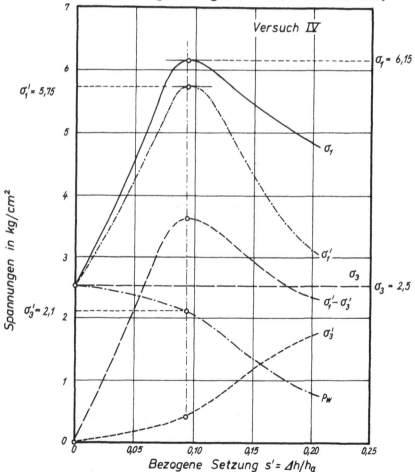

Abb. 3.15 Ergebnisse eines CU-Versuches
mit einem gesättigten Lehm. Versuch IV.

der Boden vorher gestanden hat, so ist der Boden normal
konsolidiert. Die Scherkurve eines normal konsolidierten
gesättigten Bodens geht immer angenähert durch den Nullpunkt des Koordinatensystems, das heißt, der normal konsolidierte Boden besitzt keine Kohäsion (Abb. 3.16). Praktisch haben aber alle ungestörten Böden zu irgendeiner
Zeit unter einem Druck aus den überlagernden Bodenmassen
gestanden, so daß in irgendeinem Punkt des Scherdiagramms
die Konsolidierungsspannung σ_c gleich oder kleiner ist als
die Vorspannung σ_v (Abb. 3.16). Die Scherkurve zeigt in dem
Punkt B, in dem $\sigma_c = \sigma_v$ ist, einen Knick und geht nicht mehr
durch den Koordinatennullpunkt, sondern schneidet die vertikale Koordinatenachse im Punkt A. Der Abstand OA gibt die
Kohäsion c_{cu} des gesättigten Bodens im überkonsolidierten
Bereich an.

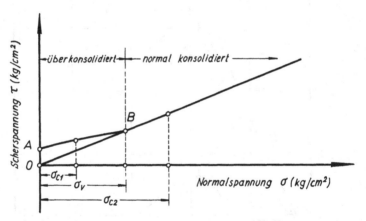

Abb. 3.16 Verlauf der Scherkurve bei CU-Versuchen
          mit gesättigten bindigen Böden.

Wenn CU-Versuche mit ungesättigten bindigen Böden durchgeführt werden, so ergeben sich unterschiedliche Reibungswinkel und Kohäsionen, je nachdem, wie groß die Konsolidierungsspannung σ_c gewählt wird.

SCOTT (1963) gibt ein Diagramm mit der Abhängigkeit der
Werte c_{cu} und ϱ_{cu} ungesättigter bindiger Böden von der
Konsolidierungsspannung (Abb. 3.27). Je größer die Konsolidierungsspannung eines ungesättigten bindigen Bodens wird,
um so größer wird die Kohäsion c_{cu} und um so kleiner der

Reibungswinkel ϱ_{cu} . Trägt man die Mohrschen Spannungskreise
mehrerer CU-Versuche mit ungesättigten bindigen Böden im
rechtwinkligen Koordinatensystem auf, so hat die Umhüllende
dieser Kreise eine gekrümmte Form (Abb. 3.17).

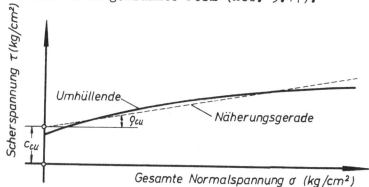

Abb. 3.17 Umhüllende der Mohrschen Spannungskreise
für ungesättigte bindige Böden.

Im allgemeinen ist es üblich, die Umhüllende durch eine
Gerade anzunähern. Der Schnittpunkt der Geraden mit der
vertikalen Koordinatenachse gibt dann die Kohäsion c_{cu} und
ihre Neigung zur horizontalen Koordinatenachse den Reibungswinkel ϱ_{cu} an.

Wenn die Porenwasserdrücke während des Versuches gemessen wurden, können auch die Mohrschen Spannungskreise der
wirksamen Spannungen aufgetragen werden und die wirksame
Kohäsion c' und der wirksame Reibungswinkel ϱ' aus dem CU-
Versuch bestimmt werden. In der Praxis haben die Werte ϱ_{cu}
und c_{cu} nur geringe Bedeutung und finden nur in Sonderfäl-
len bei wissenschaftlichen Untersuchungen Anwendung.

Lösung

Aus den vier Versuchsergebnissen werden die Werte der
gesamten und der wirksamen Spannungen im Bruchzustand abgelesen. Mit diesen Werten werden vier Mohrsche Spannungskreise für gesamte Spannungen (Abb. 3.18) und vier Mohrsche
Spannungskreise für wirksame Spannungen (Abb. 3.19) gezeichnet. Die Umhüllende der Spannungskreise zeigt in der
Nähe der Vorspannung einen deutlichen Knick. Kohäsion und

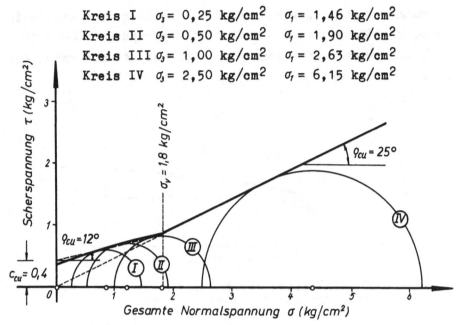

Kreis I $\sigma_3 = 0,25$ kg/cm² $\sigma_1 = 1,46$ kg/cm²
Kreis II $\sigma_3 = 0,50$ kg/cm² $\sigma_1 = 1,90$ kg/cm²
Kreis III $\sigma_3 = 1,00$ kg/cm² $\sigma_1 = 2,63$ kg/cm²
Kreis IV $\sigma_3 = 2,50$ kg/cm² $\sigma_1 = 6,15$ kg/cm²

Abb. 3.18 Mohrsche Spannungskreise eines gesättigten Lehmes für gesamte Spannungen.

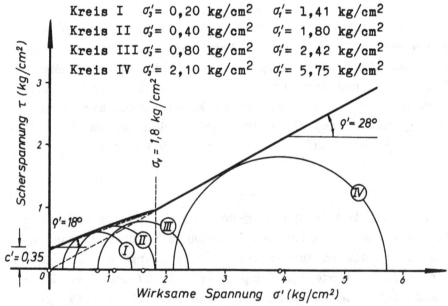

Kreis I $\sigma_3' = 0,20$ kg/cm² $\sigma_1' = 1,41$ kg/cm²
Kreis II $\sigma_3' = 0,40$ kg/cm² $\sigma_1' = 1,80$ kg/cm²
Kreis III $\sigma_3' = 0,80$ kg/cm² $\sigma_1' = 2,42$ kg/cm²
Kreis IV $\sigma_3' = 2,10$ kg/cm² $\sigma_1' = 5,75$ kg/cm²

Abb. 3.19 Mohrsche Spannungskreise eines gesättigten Lehmes für wirksame Spannungen.

Reibung bei kleineren Spannungen als der Vorspannung gelten
für den überkonsolidierten Lehm, während sie bei Spannungen,
höher als die Vorspannung, für den normal konsolidierten
Lehm Gültigkeit haben.

Im überkonsolidierten Bereich wird die gekrümmte Umhüllende durch eine Gerade angenähert. Die gewünschten Werte
werden aus der Zeichnung abgegriffen.

Im Bereich des überkonsolidierten Lehmes ist:

$$\varphi_{cu} = 12°$$
$$c_{cu} = 0,40 \quad kg/cm^2$$
$$\varphi' = 18°$$
$$c' = 0,35 \quad kg/cm^2$$

Im Bereich des normal konsolidierten Lehmes ist:

$$\varphi_{cu} = 25°$$
$$c_{cu} = 0$$
$$\varphi' = 28°$$
$$c' = 0$$

Ergebnisse

Die wirksamen Reibungswinkel eines Lehmes liegen im allgemeinen zwischen $\varphi' = 22°$ und $\varphi' = 31°$ (Tab. 3.1). Der normal konsolidierte Lehm mit einem wirksamen Reibungswinkel
von $\varphi' = 28°$ stellt einen Lehm dar, der einen großen Anteil
von Sand enthält, wodurch trotz des hohen Wassergehaltes
ein großer wirksamer Reibungswinkel erzielt wird.

Die wirksame Kohäsion des überkonsolidierten Lehmes ist
mit $c' = 0,35$ kg/cm^2 relativ groß. Sie kann in weichen
Lehmböden bis auf $c' = 0,01$ kg/cm^2 absinken. Der hier ermittelte hohe Wert ist darauf zurückzuführen, daß der Lehm
im ungestörten Zustand, also bei relativ großer Dichte, untersucht wurde. Für dichte Lehme kann die wirksame Kohäsion
bis auf $c' = 0,5$ kg/cm^2 ansteigen (Tab. 3.1).

Ein Lehm mit den hier ermittelten natürlichen Eigen-

schaften kann als guter Baugrund bezeichnet werden. Bei Verwendung als Schüttmaterial für Dämme und Hinterfüllungen
muß allerdings auf gute Entwässerung und Verdichtung geach-
tet werden, um eine möglichst große Scherfestigkeit zu erzielen.

Aufgabe 28   Bestimmung des wirksamen Reibungswinkels φ'
und der wirksamen Kohäsion c' in D-Versuchen mit gestörten Bodenproben aus wassergesättigtem über-
konsolidiertem Ton

Die Abb. 3.20 bis 3.22 zeigen die Versuchsergebnisse von
drei D-Versuchen mit gestörten Bodenproben aus wassergesättigtem Ton. Die Vorbelastung des Tones betrug σ_v = 2,4 kg/cm²
Die Bodenpressung, die der Ton aus dem darauf errichteten
Bauwerk erhalten wird, wird an keiner Stelle größer als
σ = 2,0 kg/cm² sein. Aus diesem Grunde wurden alle D-Versuche im überkonsolidierten Zustand durchgeführt.

Wie groß sind der wirksame Reibungswinkel φ' und die
wirksame Kohäsion c' des untersuchten Tones?

Grundlagen

In D-Versuchen wird in der Versuchsphase I der Boden allseitig mit einer konstanten Konsolidierungsspannung $\sigma_c = \sigma_3$
so lange belastet, bis sich die vollkommene Konsolidierung
des Bodens eingestellt hat. In der Versuchsphase II wird
dann die vertikale Spannung bei offener Entwässerung so lange gesteigert, bis der Bruch der Bodenprobe eintritt. Die
vertikale Laststeigerung erfolgt so langsam, daß möglichst
keine Porenwasserüberdrücke in der Bodenprobe entstehen.
Manchmal sind kurzzeitig kleine Porenwasserüberdrücke un-
vermeidbar, sie sind jedoch im allgemeinen bedeutungslos,
wenn sie unter 5 % der wirkenden vertikalen Spannung liegen.

Da keine Porenwasserüberdrücke auftreten, sind in einem
D-Versuch mit gesättigten bindigen Böden alle auftretenden

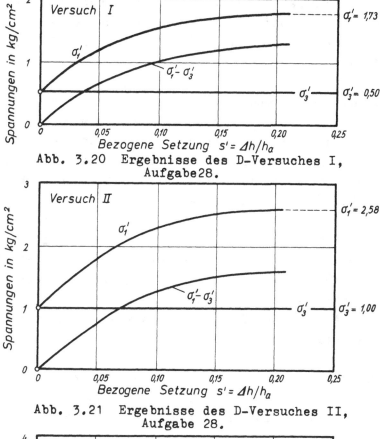

Abb. 3.20   Ergebnisse des D-Versuches I,
                Aufgabe 28.

Abb. 3.21   Ergebnisse des D-Versuches II,
                Aufgabe 28.

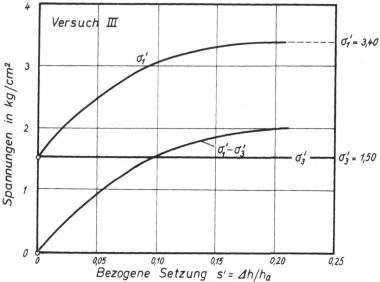

Abb. 3.22   Ergebnisse des D-Versuches III,
                Aufgabe 28.

Spannungen wirksame Spannungen. Aus den Mohrschen Spannungs-
kreisen und der Umhüllenden lassen sich daher unmittelbar
der wirksame Reibungswinkel ϱ' und die wirksame Kohäsion c'
ermitteln.

Wenn die Bodenprobe im **n o r m a l   k o n s o l i -
d i e r t e n   Z u s t a n d** untersucht wird, verläuft
die Umhüllende fast immer geradlinig und geht, wie auch
beim CU-Versuch mit normal konsolidierten bindigen Böden
durch den Koordinatennullpunkt. Der normal konsolidierte,
bindige Boden zeigt also keine Kohäsion.

Bei **ü b e r k o n s o l i d i e r t e n   b i n d i -
g e n   B ö d e n** hingegen schneidet die Umhüllende der
Mohrschen Kreise, wie auch beim CU-Versuch, die vertikale
Koordinatenachse, und der Boden zeigt eine Kohäsion, die
durch den Abstand des Schnittpunktes vom Koordinatennullpunkt gemessen wird.

Wird eine **u n g e s ä t t i g t e   b i n d i g e
B o d e n p r o b e** im D-Versuch untersucht, so stellen
die aufgebrachten Spannungen nicht mehr die vollen wirksamen Spannungen dar. Die Bodenkörner werden zusätzlich durch
Kapillarspannung des Porenwassers belastet, wodurch der
Spannungszustand unkontrollierbar wird. Um daher die exak-
ten Werte der wirksamen Reibung und Kohäsion zu erhalten,
müssen die Bodenproben im D-Versuch im wassergesättigten
Zustand untersucht werden.

Während im UU-Versuch und CU-Versuch die Bodenprobe
während der Versuchsphase II ihr Volumen nicht verändern
kann, ist das im D-Versuch immer der Fall. Normal konsolidierte bindige Böden zeigen im D-Versuch eine Volumenabnahme, überkonsolidierte bindige Böden zunächst eine geringe Volumenabnahme, dann aber eine Zunahme, die auch
über den Bruchpunkt hinaus anhält. Der Vorgang, der sich
dabei im Inneren der Bodenprobe abspielt, ist qualitativ mit
dem Verhalten kohäsionsloser Böden im direkten Scherversuch
vergleichbar. Im direkten Scherversuch stellt man fest,

daß das Volumen der untersuchten Bodenprobe abnimmt, wenn die relative Dichte D_r unterhalb der kritischen Dichte liegt, und daß es zunimmt, wenn die relative Dichte D_r oberhalb der kritischen Dichte liegt.

Lösung

Mit den Hauptspannungen im Bruchzustand werden die Mohrschen Spannungskreise gezeichnet (Abb. 3.23). An die Mohrschen Spannungskreise wird die Umhüllende gelegt. Die Umhüllende wird durch eine Gerade angenähert. Diese Gerade schneidet die vertikale Koordinatenachse im Punkt A. Der Abstand OA gibt die wirksame Kohäsion und der Winkel, den die Gerade mit der horizontalen Koordinatenachse bildet, den wirksamen Reibungswinkel an. Es sind:

$$\varrho' = 16°$$
$$c' = 0,28 \text{ kg/cm}^2$$

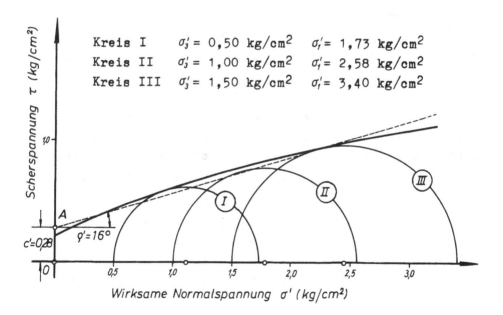

Kreis I	$\sigma_3' = 0,50 \text{ kg/cm}^2$	$\sigma_1' = 1,73 \text{ kg/cm}^2$
Kreis II	$\sigma_3' = 1,00 \text{ kg/cm}^2$	$\sigma_1' = 2,58 \text{ kg/cm}^2$
Kreis III	$\sigma_3' = 1,50 \text{ kg/cm}^2$	$\sigma_1' = 3,40 \text{ kg/cm}^2$

Abb. 3.23 Mohrsche Spannungskreise aus D-Versuchen mit einem überkonsolidierten gesättigten Ton in wirksamen Spannungen.

Ergebnisse

Die wirksamen Reibungswinkel von Tonen liegen im allgemeinen zwischen $\varrho' = 10^o$ und $\varrho' = 20^o$ (Tab. 3.1). Die Kohäsion der Tone hängt stark von ihrer Konsistenz ab. Harte Tone können wirksame Kohäsionen bis zu $c' = 10$ kg/cm^2 aufweisen, während weiche Tone im allgemeinen nur wirksame Kohäsionen bis maximal $c' = 0,05$ kg/cm^2 zeigen. Bei normal konsolidierten Tonen werden keine Kohäsionen auftreten. Die Drucksetzungslinien (Abb. 3.20 bis 3.22) zeigen keine deutlich ausgeprägten Maxima, wie sie zum Beispiel bei den Drucksetzungskurven aus den CU-Versuchen der Aufgabe 27 an ungestörten Bodenproben erzielt wurden. Aus den zahlreichen bekanntgewordenen Laboratoriumsversuchen kann man ableiten, daß im allgemeinen die Drucksetzungslinien aus Versuchen mit gestörten Bodenproben kontinuierlich einem Höchstwert zustreben und nach dem Bruch der Probe annähernd horizontal verlaufen, während sie bei ungestörten Bodenproben ein deutliches Maximum zeigen.

Auch die Struktur eines Tones kann einen ähnlichen Einfluß auf die Form der Drucksetzungslinie haben. Tone mit Flockenstruktur, also Tone, bei denen zwischen den einzelnen Mineralteilchen eine erhebliche Zahl von Kontakten besteht, zeigen eine Drucksetzungslinie mit deutlichem Maximum, während Tone mit disperser Struktur, das heißt mit sehr geringen Kontakten der Mineralteilchen untereinander, eine Drucksetzungslinie ohne ausgeprägtes Maximum ergeben.

Ein Sonderversuch des D-Versuches dient zur Bestimmung des Ruhedruckbeiwertes λ_o. Der Ruhedruckbeiwert λ_o ist definiert als das Verhältnis der kleineren wirksamen Hauptspannung σ_3' zur größeren wirksamen Hauptspannung σ_1' unter der Bedingung, daß keine waagerechten Formänderungen im Boden stattfinden:

$$\lambda_o = \frac{\sigma_3'}{\sigma_1'} \qquad (3.30)$$

Während des D-Versuches muß der seitliche Druck σ_3' fortlaufend so reguliert werden, daß keine Änderung des Probenvolumens stattfindet. Das Probenvolumen kann durch einen Meßstreifen um die Mitte der Bodenprobe kontrolliert werden.

Aufgabe 29   Bestimmung von ϱ und c aus der Gleichung
der Schergeraden für bindige Böden

Mit einem überkonsolidierten gesättigten lehmigen
Schluff wurden zwei D-Versuche durchgeführt. Bei folgenden
Spannungszuständen trat der Bruch der Proben ein:

Versuch 1 σ_{11} = 2,18 kg/cm^2

                        σ_{31} = 0,50 kg/cm^2

Versuch 2 σ_{12} = 3,75 kg/cm^2

                        σ_{32} = 1,00 kg/cm^2

Wie groß sind der wirksame Reibungswinkel ϱ' und die
wirksame Kohäsion c' des überkonsolidierten lehmigen
Schluffes?

Grundlagen

Wenn die Umhüllende der Mohrschen Spannungskreise durch
eine Gerade angenähert wird, lassen sich die Werte ϱ und c
auch aus der Funktion dieser Geraden bestimmen, sobald die
Hauptspannungen σ_1 und σ_3 im Bruchzustand aus mindestens zwei
dreiaxialen Druckversuchen bekannt sind.

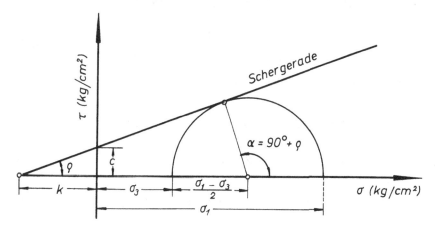

Abb. 3.24   Ermittlung der Funktion der Schergeraden.

Der Abb. 3.24 entnimmt man die Beziehungen:

$$\sin \varrho = \frac{\frac{\sigma_1 - \sigma_3}{2}}{k + \sigma_3 + \frac{\sigma_1 - \sigma_3}{2}} = \frac{\sigma_1 - \sigma_3}{\sigma_1 + \sigma_3 + 2k} \qquad (3.31)$$

und daraus:

$$\sigma_1 - \sigma_3 = \sigma_1 \cdot \sin \varrho + \sigma_3 \cdot \sin \varrho + 2 \cdot k \cdot \sin \varrho$$

$$\sigma_1 - \sigma_1 \cdot \sin \varrho = \sigma_3 \cdot \sin \varrho + \sigma_3 + 2 \cdot k \cdot \sin \varrho$$

$$\sigma_1 \cdot (1 - \sin \varrho) = \sigma_3 \cdot (1 + \sin \varrho) + 2 \cdot k \cdot \sin \varrho$$

$$\sigma_1 = \sigma_3 \cdot \frac{1 + \sin \varrho}{1 - \sin \varrho} + 2 \cdot k \cdot \frac{\sin \varrho}{1 - \sin \varrho} \qquad (3.32)$$

Es gelten außerdem die Beziehungen:

$$\frac{1 + \sin \varrho}{1 - \sin \varrho} = tg^2 (45 + \varrho/2) = \lambda_p \qquad (3.33)$$

λ_p drückt den Einfluß der inneren Reibung des Bodens aus und wird passiver Erddruckbeiwert genannt. Zur Gl. (3.33) kommt man durch Anwendung folgender trigonometrischer Beziehungen:

$$1 + \sin \varrho = 1 + \frac{2 tg \, \varrho/2}{1 + tg^2 \varrho/2} = \frac{1 + tg^2 \varrho/2 + 2 tg \, \varrho/2}{1 + tg^2 \varrho/2} \qquad (3.34)$$

$$1 - \sin \varrho = 1 - \frac{2 tg \, \varrho/2}{1 + tg^2 \varrho/2} = \frac{1 + tg^2 \varrho/2 - 2 tg \, \varrho/2}{1 + tg^2 \varrho/2} \qquad (3.35)$$

Der Quotient aus den Gl.(3.34) und (3.35) ergibt:

$$\frac{1 + \sin \varrho}{1 - \sin \varrho} = \frac{1 + tg^2 \varrho/2 + 2 tg \, \varrho/2}{1 + tg^2 \varrho/2 - 2 tg \, \varrho/2} \qquad (3.36)$$

Man kann außerdem schreiben:

$$1 + 2 tg \, \varrho/2 + tg^2 \varrho/2 = (1 + tg \, \varrho/2)^2 \qquad (3.37)$$

und: $$1 - 2 tg \, \varrho/2 + tg^2 \varrho/2 = (1 - tg \, \varrho/2)^2 \qquad (3.38)$$

Die Gl. (3.37) und (3.38) in die Gl. (3.36) eingesetzt, ergibt:

$$\frac{1 + \sin \varrho}{1 - \sin \varrho} = \frac{(1 + tg \, \varrho/2)^2}{(1 - tg \, \varrho/2)^2} \qquad (3.39)$$

Mit der bekannten trigonometrischen Beziehung:

$$\frac{1 + tg\,\varphi/2}{1 - tg\,\varphi/2} = tg\,(45° + \varphi/2) \qquad (3.40)$$

ist:

$$\frac{1 + sin\,\varrho}{1 - sin\,\varrho} = tg^2(45° + \varphi/2) \qquad (3.41)$$

Es ist außerdem nach Abb. 3.24:

$$\frac{c}{k} = tg\,\varrho \qquad und \qquad k = \frac{c}{tg\,\varrho} \qquad (3.42)$$

Damit wird in der Gl. (3.32):

$$2 \cdot k \cdot \frac{sin\,\varrho}{1 - sin\varrho} = 2 \cdot c \cdot \frac{sin\,\varrho}{tg\,\varrho} \cdot \frac{1}{1 - sin\varrho} = 2 \cdot c \cdot \frac{cos\,\varrho}{1 - sin\,\varrho} \qquad (3.43)$$

Es gelten die weiteren Beziehungen:

$$\frac{cos\,\varrho}{1 - sin\,\varrho} = \sqrt{tg^2\,(45° + \varphi/2)} = tg\,(45° + \varphi/2) = \sqrt{\lambda_p} \qquad (3.44)$$

Zu der Gl. (3.44) kommt man durch Anwendung folgender trigonometrischer Beziehungen:

$$cos^2\varrho = 1 - sin^2\varrho = (1 + sin\,\varrho) \cdot (1 - sin\varrho) \qquad (3.45)$$

$$\frac{cos^2\varrho}{1 - sin\,\varrho} = 1 + sin\,\varrho \qquad (3.46)$$

oder nach Division beider Seiten der Gl. (3.46) durch:

$$1 - sin\,\varrho$$

$$\frac{cos^2\varrho}{(1 - sin\varrho)^2} = \frac{1 + sin\,\varrho}{1 - sin\,\varrho} \qquad (3.47)$$

Die Quadratwurzel aus beiden Seiten der Gl. (3.47) ergibt:

$$\frac{cos\,\varrho}{1 - sin\varrho} = \sqrt{\frac{1 + sin\,\varrho}{1 - sin\,\varrho}} \qquad (3.48)$$

Die Gl. (3.33) in die Gl. (3.48) eingesetzt, ergibt:

$$\frac{cos}{1 - sin\,\varrho} = tg\,(45° + \varphi/2) = \sqrt{\lambda_p} \qquad (3.49)$$

Somit kann für die Funktion der Schergeraden geschrieben werden:

$$\sigma_1 = \sigma_3 \cdot \lambda_p + 2 \cdot c \cdot \sqrt{\lambda_p} \quad (kg/cm^2) \quad (3.50)$$

mit:
$$\lambda_p = tg^2(45° + \varphi/2)$$

Im englischen Schrifttum wird für λ_p der Ausdruck N_ϕ verwendet.

Die Gl. (3.50) enthält vier Unbekannte: σ_1 , σ_3 , λ_p und c Wenn zwei verschiedene Paare σ_1 und σ_3 des Bruchzustandes dreiaxialer Druckversuche bekannt sind, reduziert sich das Problem auf die Bestimmung von λ_p und c aus zwei Gleichungen mit zwei Unbekannten.

Bezeichnet $\quad \sigma_{11}$ und σ_{31} die größere und kleinere Hauptspannung im Bruchzustand des Versuches 1 und

σ_{12} und σ_{32} die größere und kleinere Hauptspannung im Bruchzustand des Versuches 2,

so ist mit der Gl. (3.50):

$$\sigma_{11} = \sigma_{31} \cdot \lambda_p + 2 \cdot c \cdot \sqrt{\lambda_p} \quad\quad (3.51)$$

$$\sigma_{12} = \sigma_{32} \cdot \lambda_p + 2 \cdot c \cdot \sqrt{\lambda_p} \quad\quad (3.52)$$

Die Gl. (3.52) von der Gl. (3.51) abgezogen, ergibt:

$$\sigma_{11} - \sigma_{12} = \lambda_p \cdot (\sigma_{31} - \sigma_{32})$$

$$\lambda_p = \frac{\sigma_{11} - \sigma_{12}}{\sigma_{31} - \sigma_{32}} \quad\quad (3.53)$$

oder:
$$\lambda_p = tg^2(45° + \varphi/2) = \frac{\sigma_{11} - \sigma_{12}}{\sigma_{31} - \sigma_{32}}$$

$$tg(45° + \varphi/2) = \sqrt{\frac{\sigma_{11} - \sigma_{12}}{\sigma_{31} - \sigma_{32}}} \quad\quad (3.54)$$

$$45° + \vartheta/2 = arc \ tg \ \sqrt{\frac{\sigma_{11} - \sigma_{12}}{\sigma_{31} - \sigma_{32}}}$$

$$\varrho = 2 \cdot arc \ tg \ \sqrt{\frac{\sigma_{11} - \sigma_{12}}{\sigma_{31} - \sigma_{32}}} - 90° \qquad (3.55)$$

Die Kohäsion erhält man, indem in die Gl. (3.50) der errechnete Wert λ_p nach Gl. (3.53) eingesetzt wird.

Lösung

Mit der Gl. (3.54) erhält man:

$$tg \ (45° + \vartheta/2) = \sqrt{\frac{2,18 - 3,75}{0,50 - 1,00}} = \sqrt{3,14} = 1,77$$

$$45° + \vartheta/2 = 60,5° \quad , \quad \varrho' = 31° \quad , \quad \lambda_p = 3,14$$

Der Wert λ_p in die Gl. (3.50) eingesetzt, ergibt mit $\sigma_3 = 0,5 \ \mathrm{kg/cm^2}$ und $\sigma_1 = 2,18 \ \mathrm{kg/cm^2}$:

$$2,18 = 0,5 \cdot 3,14 + 2 \cdot c' \cdot \sqrt{3,14}$$

$$c' = \frac{1}{2} \cdot \frac{2,18 - 1,57}{1,77} = \frac{1}{2} \cdot \frac{0,61}{1,77}$$

$$c' = 0,17 \ \mathrm{kg/cm^2}$$

Aufgabe 30   Anwendung der Scherparameter ϱ und c
in praktischen Fällen

Im Zuge eines Straßenneubaues sind mehrere Einschnitte, künstliche Dämme, Stützmauern, Durchlässe und Widerlager für Brücken auszuführen.

Welche Scherparameter ϱ und c sind den Berechnungen zugrunde zu legen:

a)   Anfangsstandsicherheit einer Dammböschung?

b)   Endstandsicherheit einer Dammböschung?

c)   Standsicherheit eines Einschnittes?

d)   Tragfähigkeit des Untergrundes unter Dämmen
      und Fundamenten?

e)   Erddruck auf Durchlässe und Widerlager?

f)   Erddruck auf verschiebliche Stützmauern?

Grundlagen

Bei der Berechnung von Gründungen oder Erdbauwerken sind
immer die Scherparameter zugrunde zu legen, die den un-
günstigsten Sicherheitsfaktor ergeben. Bei Schluffen und
Sanden kann man immer mit den Scherparametern φ' und c' rechnen, denn diese Böden entwässern unter einer Belastung so
schnell, daß keine oder nur unbedeutende Porenwasserüberdrücke auftreten. Wenn keine Porenwasserüberdrücke im Boden
auftreten, spricht man von einer langsamen Belastung des
Bodens.

Bei Tonen und stark bindigen Böden muß man im Anfangszustand stets mit den Scherparametern φ_u und c_u des UU-Versuches rechnen, denn diese Böden entwässern unter einer Belastung so langsam, daß im Anfangszustand die Konsolidierung praktisch gleich Null ist und der volle Porenwasserüberdruck angenommen werden kann. Wenn der volle Porenwasserüberdruck im Boden auftreten kann, spricht man von einer
schnellen Belastung. Mit fortschreitender Konsolidierung
nimmt dann der Sicherheitsfaktor zu, weil sich die Scherfestigkeit zunehmend erhöht.

In der Tab. 3.5 sind die Scherparameter zusammengestellt,
die für die wichtigsten bodenmechanischen Untersuchungen im
allgemeinen Anwendung finden.

Lösung

Nach der Tab. 3.5 ist mit folgenden Scherparametern zu
rechnen:

φ' und c' für die Endstandsicherheit einer Dammböschung,
             für die Tragfähigkeit des Untergrundes aus

kohäsionslosen Böden unter Dammschüttungen und Fundamenten.

φ_u und c_u für die Anfangsstandsicherheit einer Dammböschung,

für die Standsicherheit eines Einschnittes,

für die Tragfähigkeit des Untergrundes aus kohäsiven Böden unter Dammschüttungen und Fundamenten,

für den Erddruck auf verschiebliche Stützmauern.

λ_o und p_W für Erddrücke auf Durchlässe und Brückenwider-
lager.

3.2   Berechnungstafeln und Zahlenwerte

Tabelle 3.1 Wirksame Scherparameter φ' und c' der wichtigsten kohäsiven Bodenarten.

Bodenart	wirksamer Reibungswinkel φ'	wirksame Kohäsion c' (kg/cm^2)
Löß................	$15^o - 32^o$	$0,1 - 0,5$
Lehm..............	$20^o - 30^o$	$0,05 - 0,5$
Geschiebemergel.....	$15^o - 22^o$	$0,01 - 0,05$
Ton, hart..........	$10^o - 20^o$	$0,5 - 10,0$
steif.........	$10^o - 20^o$	$0,1 - 0,5$
weich.........	$10^o - 20^o$	$0,05 - 0,1$

Tabelle 3.2   Klassifizierung bindiger Böden in
Abhängigkeit von der Zylinderdruckfestigkeit.

Zustand des Bodens	Zylinderdruckfestigkeit (kg/cm^2)
sehr weich..........	<0,2
weich..............	0,2 - 0,5
mittel.............	0,5 - 1,0
steif..............	1,0 - 2,0
sehr steif.........	2,0 - 4,0
hart...............	>4,0

Tabelle 3.3   Porenwasserdruckbeiwert A für den
Spannungsbereich unter Gründungen
(nach SKEMPTON/BJERRUM 1957 und TSCHENG/VANEL 1965).

Bodenart	A	
	von	bis
Sand....................	− 0,30	+ 0,50
Schluff.................	+ 0,50	+ 1,00
Sehr empfindlicher weicher Ton.....................	+ 1,00	und größer
Einfach verdichteter Ton..	+ 0,50	+ 1,00
Überverdichteter Ton......	+ 0,25	+ 0,50
Stark überverdichteter Ton.....................	− 0,60	+ 0,25

Tabelle 3.4   Reibung zwischen kohäsiven Böden und
verschiedenen Baustoffen (POTYONDY 1961).

Material (ϱ = Reibungswinkel) (δ = Wandreibungswinkel)		Körniger Boden mit Kohäsion	Ton
		50 % Ton und 50 % Sand	d $\leqq$ 0,06 mm
		Konsistenz 1,0 - 1,5	Konsistenz 1,0 - 0,73
		δ/ϱ	δ/ϱ
Stahl	glatt (blank).......	0,40	0,50
	rauh (rostig).......	0,65	0,50
Holz	parallel zur Faser..	0,80	0,60
	rechtwinklig zur Faser.............	0,90	0,70
Beton	glatt (Stahlschalung)	0,84	0,68
	faserig (Holzschalung)......	0,90	0,80
	rauh (Bodenfläche)..	0,95	0,95

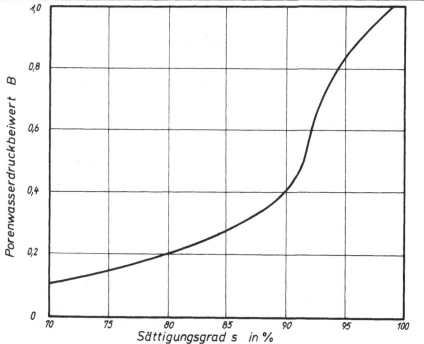

Abb. 3.25   Abhängigkeit des Porenwasserdruckbeiwertes B vom Sättigungsgrad s_w (nach SCOTT 1963).

Tabelle 3.5   Anwendung der Scherparameter φ und c
in allgemeinen Fällen.

Gegenstand der Untersuchung	Scherparameter
Tragfähigkeit einer Flachgründung bei schneller Belastung ($p_w \neq 0$)	$\varphi_u - c_u$
Tragfähigkeit einer Flachgründung bei langsamer Belastung ($p_w = 0$)	$\varphi' - c'$
Tragfähigkeit einer Tiefgründung bei schneller Belastung ($p_w \neq 0$)	$\varphi_u - c_u$
Tragfähigkeit einer Tiefgründung bei langsamer Belastung ($p_w = 0$)	$\varphi' - c'$
Tragfähigkeit des Untergrundes unter Schüttungen bei schneller Belastung ($p_w \neq 0$)	$\varphi_u - c_u$
Tragfähigkeit des Untergrundes unter Schüttungen bei langsamer Belastung ($p_w = 0$)	$\varphi' - c'$
Anfangsstandsicherheit einer Böschung ($p_w \neq 0$)	$\varphi_u - c_u$
Endstandsicherheit einer Böschung ($p_w = 0$)	$\varphi' - c'$
Erddruck auf verschiebliche Stützkonstruktionen ($p_w \neq 0$)	φ_u, c_u oder φ', c', p_w
Erddruck auf unverschiebliche Stützkonstruktionen	$\lambda_0 - p_w$
Erddruck bei Gewölbewirkung	φ_u, c_u oder φ', c', p_w
Grundbruch unter Fundamenten und Erdbauwerken	$\varphi_u - c_u$
Baugrubenaushub und Einschnitte	$\varphi_u - c_u$
Plötzliche Absenkung des Wasserspiegels	φ_u, c_u oder φ', c', p_w
Porenwasserströmungen	φ', c', p_w
Erdbebeneinflüsse	$\varphi_u - c_u$

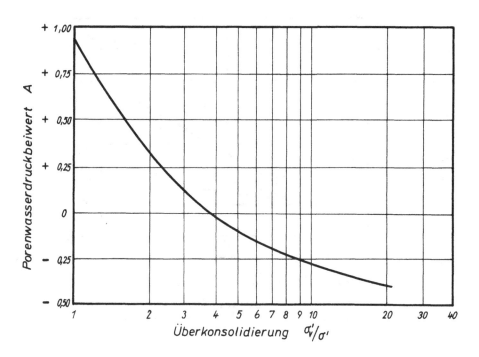

Abb. 3.26 Abhängigkeit des Porenwasserdruckbeiwertes A von der Überkonsolidierung (SCOTT 1963).

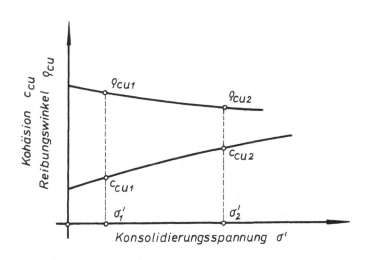

Abb. 3.27 Abhängigkeit der Scherparameter ϱ_{cu}
und c_{cu} ungesättigter bindiger Böden von der
Konsolidierungsspannung.

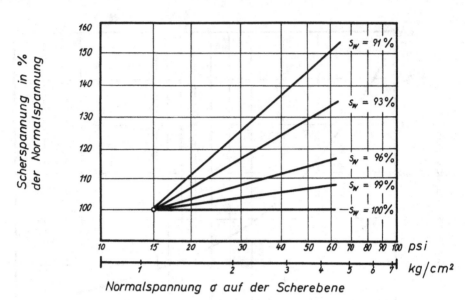

Abb. 3.28   Schergeraden für teilweise gesättigte
Tone (LAMBE 1951 und TAYLOR 1950).

3.3 Literatur

Die hier angegebenen Quellen werden durch die Quellen
des Kapitels 2 ergänzt.

COULOMB (1776) Essai sur une application des règles des
    maximis et minimis à quelques problèmes de statique
    relatifs à l'architecture. Mem. Acad. Roy. Pres.
    divers. Sav. 5, 7, Paris.

RENDULIC (1936) Porenziffer und Porenwasserdruck in Tonen.
    Bauingenieur 17, S. 559.

RENDULIC (1936) Relation between void ratio and effective
    principal stresses for remolded silty clay.
    Discussion Proc. I. Int. Conf. Soil Mech. Found.
    Eng. Cambridge (Mass.), Bd. III, S. 48.

TERZAGHI/FRÖHLICH (1936) Theorie der Setzung von Ton-
    schichten. Leipzig-Wien.

RENDULIC (1937) Ein Grundgesetz der Tonmechanik und sein
    experimenteller Beweis. Bauingenieur 18, S. 459.

HVORSLEV (1937) Über die Festigkeitseigenschaften gestör-
    ter, bindiger Böden. Ing. Vidensk. Skr. A, Nr. 45,

Danmarks Natur-Vidensk. Samfund Kopenhagen.

TERZAGHI (1938) Die Coulombsche Gleichung für den Scherwiderstand bindiger Böden. Bautechnik 16, S. 343.

TERZAGHI (1938) Einfluß des Porenwasserdrucks auf den Scherwiderstand der Tone. Dtsch. Wasserwirtschaft 33, S. 201.

RENDULIC (1938) Ergebnisse und Deutung von Versuchen an Tonkörpern. Habilitationsschrift TH Berlin.

RENDULIC (1938) Eine Betrachtung zur Frage der plastischen Grenzzustände. Bauingenieur 19, S. 159.

CASAGRANDE (1939) Über die Scherfestigkeit von Böden. Schriftenreihe d. Straße 16, S. 32.

JAKY (1944) Anyugalmi nyomás tényezöje. (Die Ruhedruckziffer.) Magyar Mérn. Ép. Egyl. Közlönye No. 22, Budapest.

KOLLBRUNNER (1946) Fundation und Konsolidation. Zürich, Bd. I, S. 228.

CASAGRANDE/SHANNON (1947/48) Research on stress-deformation characteristics of soils and soft rocks under transient loading. Harvard Univ. Soil Mech. Series No. 31.

SCHAEFER/SCHAAD/HAEFELI (1948) Shearing strength and equilibrium of soils. Contribution to the shearing theory. Proc. II. Int. Conf. Soil Mech. Found. Eng. Rotterdam, Bd. V, S. 12.

STEINBRENNER (1948) Shearing tests on cohesive soils. Proc. II. Int. Conf. Soil Mech. Found. Eng. Rotterdam, Bd. III, S. 150.

LAMBE (1948) The measurement of pore water pressures in cohesionless soils. Proc. II. Int. Conf. Soil Mech. Found. Eng. Rotterdam, Bd. VII.

TAYLOR (1948) Shearing strength determinations by undrained cylindrical compression tests with pore measurements. Proc. II. Int. Conf. Soil Mech. Found. Eng. Rotterdam, Bd. V, S. 45.

TAYLOR (1950) A triaxial shear investigation on a partially saturated soil. ASTM.

KJELLMAN (1950/51) Testing the shear strength of clay in Sweden. Géotechnique 2, S. 225.

BJERRUM (1951) Fundamental considerations on the shear strength of soils. Géotechnique 2, S. 209.

CASAGRANDE/WILSON (1951) Effect of rate of loading on the of clays and shales at constant water content.

Géotechnique 2, S. 251.

SKEMPTON/NORTHEY (1952) The sensitivity of clays.
Géotechnique 3, S. 30.

PENMAN (1952/53) Shear characteristics of saturated silt,
measured in triaxial compression. Géotechnique 3,
S. 112.

GIBSON (1953) Experimental determination of the true
cohesion and true angle of internal friction in clays.
Proc. III. Int. Conf. Soil Mech. Found. Eng. Zürich,
Bd. I, S. 126.

ROWE (1954) A stress-strain theory for cohesionless soil
with applications to earth pressures at rest and
moving walls. Géotechnique 4, S. 70.

GIBSON/HENKEL (1954) Influence of duration of tests at
constant rate of strain on measured "drained" strength.
Géotechnique 4, S. 6.

SKEMPTON (1954) The pore pressure coefficients A and B.
Géotechnique 3, S. 112.

BISHOP (1954) The use of pore pressure coefficients in
practice. Géotechnique 4, S. 148.

JÄNKE/MARTIN/PLEHM (1955) Dreiaxiales Druckgerät zur Bestimmung der Ruhedruckbeiwerte und des Gleitwiderstan-
des von Erdstoffen. Bauplanung und Bautechnik 9, S. 442.

TAYLOR (1955) Review and research on shearing resistance
of clays. M.I.T. Report to U.S. Army Engineers,
Waterways Experiment Station.

KYVELLOS (1956) Etudes de la courbe intrinsèque compactés
et non saturés. Ann. Inst. Techn. Bât. Trav., Publ. 9,
Nr. 101, S. 586.

HENKEL (1956) The effect of overconsolidation on the behaviour of clays during shear. Géotechnique 9, S. 119.

HILF (1956) An investigation of pore water pressure in
compacted cohesive soils. Bureau of Reclamation.
Techn. Memorandum 654. Denver, Colorado.

MITCHELL (1956) The fabric of natural clays and its relation to engineering properties. Proc. HRB 35, S. 693.

BALLA (1957) Stress conditions in the triaxial compression
test. Proc. IV. Int. Conf. Soil Mech. Found. Eng.
London, Bd. I, S. 140.

SKEMPTON/BJERRUM (1957) A contribution to the settlement
analysis of foundations on clay. Géotechnique 7,
S. 168.

GOLDSTEIN (1957) The long-term strength of clays. Proc.
    IV. Int. Conf. Soil Mech. Found. Eng. London, Bd. II,
    S. 311.

BRINCH HANSEN (1958) On the shear strength of soils, short
    term and long term stability. Ingeniøren 12 und Dan.
    Geot. Inst. Bull. No. 3.

ROSCOE/SCHOFIELD/WROTH (1958) On the yielding of soils.
    Géotechnique 8, S. 22.

BISHOP (1958) Test requirements for measuring the coeffi-
    cient of earth pressure at rest. Brussels Conf. Earth
    pressure problems, Bd. I, S. 2.

CRONEY/COLEMAN/BLACK (1958) The movement and distribution
    of water in soil in relation to highway design and
    performance. Highway Research Board Washington,
    Special Report No. 40.

MEESE/LONG (1959) Triaxial compression tests on soils
    using variable lateral pressure. ASTM Spec. Techn. Publ.
    No. 254, S. 365.

HENKEL (1959) The relationships between the strength,
    pore water pressure and volume-change characteristics
    of saturated clays. Géotechnique 9, S. 119.

OSTERMANN (1959) Notes on the shearing resistance of soft
    clays. Acta Polytechnica Scand. Civ. Eng. Build. Constr.
    Ser. Ci 2 (Ap. 263).

BISHOP (1959) The principle of effective stress. Teknisk
    Ukeblad 106, Nr. 39, S. 859.

GEUZE (1960) The effect of time on shear strength of clays.
    ASCE Conv. New Orleans.

SCHMERTMANN/OSTERBERG (1960) An experimental study of the
    development of cohesion and friction with axial strain
    in saturated cohesive soils. Proc. ASCE Conf. on
    shear strength of cohesive soils, S. 643.

BJERRUM/SIMONS (1960) Comparison of shear strength charac-
    teristics of normally consolidated clays. Publ. Norw.
    Geot. Inst. No. 25, S. 13.

HENKEL (1960) The relationships between the effective
    stresses and water content in saturated clays.
    Géotechnique 10, S. 41.

JENNINGS (1960) A revised effective stress law for use in
    the prediction of the behaviour of unsaturated soils.
    Proc. Conf. on pore pressure and suction in soils
    London, S. 27.

LAMBE (1960) A mechanistic picture of shear strength in
    clay. Proc. Research Conf. on Shear Strength in

Cohesive Soils, S. 555. Boulder, Colorado.

SKEMPTON (1961) Horizontal stresses in an overconsolidated clay. Proc. V. Int. Conf. Soil Mech. Found. Eng. Paris, Bd. I, S. 357.

BJERRUM (1961) The effective shear strength parameters of sensitive clays. Proc. V. Int. Conf. Soil Mech. Found. Eng. Paris, Bd. I, S. 23.

BISHOP/DONALD (1961) The experimental study of partly saturated soils in the triaxial apparatus. Proc. V. Int. Conf. Soil Mech. Found. Eng. Paris, Bd. I, S. 13.

BISHOP/BJERRUM (1961) Bedeutung und Anwendbarkeit des Dreiaxialversuches für die Lösung von Standsicherheitsaufgaben. Publ. Norw. Geot. Inst. No. 43.

DONALD (1961) The mechanical properties of saturated and partly saturated soils with special reference to negative pore water pressure. Ph.D. Thesis, University of London.

BISHOP/HENKEL (1957/1962) The measurement of soil properties in the triaxial test. London.

SCOTT (1963) Principles of soil mechanics. Addison-Wesley Publishing Co. Reading, Massachusetts.

SKEMPTON (1964) Long-term stability of clay slopes. Géotechnique 14, S. 77.

ASTM (1964) Laboratory shear testing of soils. ASTM Spec. Techn. Publ., No. 361.

DE BEER (1965) The scale effect on the phenomenon of progressive rupture in cohesionless soils. Proc. VI. Int. Conf. Soil Mech. Found. Eng. Montreal, Bd. II, S. 13.

Sachverzeichnis

Druck: Bors & Müller, A 1010 Wien